少儿趣味编程丛书

Python
趣味编程与精彩实例

少儿编程改变未来　　　码高少儿编程 编著

U0157679

机械工业出版社
CHINA MACHINE PRESS

本书共 19 章，采取更贴合孩子们兴趣点的游戏编程方式进行讲解，这些游戏看似简单，却又少不了细致认真的逻辑思考，对学习 Python 程序编写起到了较好的锻炼作用。

本书适合小学到初中阶段年龄层的学生阅读。

图书在版编目（CIP）数据

Python趣味编程与精彩实例 / 码高少儿编程编著 —北京：
机械工业出版社，2020.2
　（少儿趣味编程丛书）
　ISBN 978-7-111-64451-4

Ⅰ.① P…　Ⅱ.① 码…　Ⅲ.① 软件工具–程序设计–少儿读物
Ⅳ.① TP311.561–49
　中国版本图书馆CIP数据核字（2019）第280499号

机械工业出版社（北京市百万庄大街22号　邮政编码：100037）
策划编辑：杨　源　责任编辑：杨　源
责任校对：徐红语　责任印制：孙　炜
北京联兴盛业印刷股份有限公司印刷
2020年1月第1版第1次印刷
215mm × 225mm · 7印张 · 85千字
0001— 3000册
标准书号：ISBN 978-7-111-64451-4
定价：59.80元

电话服务	网络服务
客服电话：010-88361066	机 工 官 网：www.cmpbook.com
010-88379833	机 工 官 博：weibo.com/cmp1952
010-68326294	金 书 网：www.golden-book.com
封底无防伪标均为盗版	机工教育服务网：www.cmpedu.com

前　言

近年来，随着人工智能的迅速发展，Python 语言越发受到重视和欢迎，教育部门也将其列为中小学信息课程的一部分。为了让青少年对 Python 学习更加感兴趣，码高机器人教育在自身编程课程的基础上编写了本书。

在本书中，没有对 Python 的所有语法进行逐一讲解。因为对于年龄稍小的读者来说，全面系统地学习整个语法体系是困难而枯燥的，即使是在以入门容易著称的 Python 学习中也是如此，所以本书编写时只对新手常用的语句做了讲解和练习，而对理解起来暂时还有困难或者不会很快就能用上的知识，采取了简单介绍、一笔带过的做法，读者可以专注于基础内容而不必在过多的语法中迷茫。

本书通过讲解 Python 基础语法，并结合第三方 Python 游戏模块进行游戏编写，从而实现 Python 的启蒙和新手入门。

第 1~3 章，对 Python 的诞生、优势、应用、开发环境的安装配置等进行了介绍。

第 4~8 章，伴随着简单的例子，讲解了 Python 的基础语法。输入、输出、变量、常见控制语句、数据类型和函数等都有涉及。

第 9~12 章，对第三方游戏模块 pygame 的常用操作做了介绍。在这部分内容中可以接触到图片、音乐、鼠标、键盘，以及面向对象的内容。

第 13~19 章，通过不同的游戏编写，对前面学习到的知识进行综合练习。既有简单的接球、弹球游戏，也有复杂一些的 2048、飞机大战等游戏，多种类型的游戏编写可以帮助读者加深理解。

序

　　人工智能正以前所未有的速度改变着我们的工作、生活和学习，改变着社会的组织结构和运作方式。

　　Python 编程是学习人工智能的基础。目前市面上的 Python 编程书琳琅满目，但适合青少年学习的书却寥寥无几。码高机器人教育推出的《Python 趣味编程与精彩实例》，以青少年认知心理学和脑科学为指导，从 Python 程序设计语言的内在逻辑出发，精选了部分核心内容，先讲编程基础，再讲编程案例，使得该书由浅入深、循序渐进、可读性强、富含趣味，既适合教学，又适合自学。码高机器人教育多年来的青少年 Python 编程教学实践也充分证明了这一点。该书的出版对青少年学好 Python 编程，培养青少年的计算思维和创新能力，有一定的参考和指导作用。

中科院人工智能专业博士

百度搜索和高德地图研发改进者

北京深蓝机器人 CEO

姜吉发

目　录

1 Python 基础

1.1 简介

> Python 是一种计算机程序设计语言，第一版发布于 1991 年。Python 的设计哲学强调代码的可读性和简洁的语法。相比于 C++ 或 Java，Python 让开发者能够用更少的代码表达想法。自 Python 语言诞生至今，它已被广泛应用于系统管理任务的处理和 Web 编程。

1.2 诞生

Python 的创始人为吉多·范罗苏姆。1989 年圣诞节期间，在阿姆斯特丹，吉多为了打发圣诞节的无趣时间，决心开发一个新的脚本解释程序，作为 ABC 语言的一种继承，之所以选中 Python（意为"蟒蛇"）作为该编程语言的名字，是取自英国 20 世纪 70 年代首播的电视喜剧《蒙提·派森的飞行马戏团》。

ABC 是由吉多参与设计的一种教学语言。就吉多本人看来，ABC 这种语言非常优美和强大，是专门为非专业程序员设计的。但是 ABC 语言并没有成功，究其原因，吉多认为是其非开放性造成的。吉多决心在 Python 中避免这一错误。同时，他还想实现在 ABC 中闪现过但未曾实现的东西。

就这样，Python 在吉多手中诞生了。可以说，Python 是从 ABC 语言发展而来的，主要受到了 Modula-3（另一种相当优美且强大的语言，为小型团体所设计）的影响，并且结合了 Unix Shell 和 C 的习惯。

1.3 应用

Python 已经成为最受欢迎的程序设计语言之一。2004 年以后，Python 的使用率呈线性增长。2011 年 1 月，Python 被 TIOBE 编程语言排行榜评为 2010 年度语言。

由于 Python 语言的简洁性、易读性，以及可扩展性，在国外用 Python 做科学计算的研究机构日益增多，一些知名大学已经采用 Python 来教授程序设计课程。例如卡耐基梅隆大学的编程基础、麻省理工学院的计算机科学及编程导论就使用 Python 语言讲授。众多开源的科学计算软件包都提供了 Python 的调用接口，例如著名的计算机视觉库 OpenCV、三维可视化库 VTK、医学图像处理库 ITK。而 Python 专用的科学计算扩展库就更多了，例如以下 3 个十分经典的科学计算扩展库：NumPy、SciPy 和 Matplotlib，它们分别为 Python 提供了快速数组处理、数值运算，以及绘图功能。因此，Python 语言及其众多的扩展库所构成的开发环境十分适合工程技术人员处理实验数据、制作图表，甚至开发科学计算应用程序。

1.4 优点

◉ 1. 简单：Python 是一种代表简单主义思想的语言，阅读一个良好的 Python 程序就感觉像是在读英语一样。它使你能够专注于解决问题而不是去搞明白语言本身。

◉ 2. 易学：Python 极其容易上手，因为 Python 有极其明晰的说明文档。

◉ 3. 速度快：Python 的底层是用 C 语言写的，很多标准库和第三方库也都是用 C 语言写的，运行速度非常快。

◉ 4. 免费、开源：Python 是 FLOSS（自由 / 开放源码软件）之一。使用者可以自由地发布这个软件的复制、阅读它的源代码、对它做改动、把它的一部分用于新的自由软件中。FLOSS 是基于一个团体分享知识的概念。

◉ 5. 高级语言：用 Python 语言编写程序的时候，无须考虑诸如如何管理你的程序使用的内存一类的底层细节。

◉ 6. 可移植性：由于它的开源本质，Python 已经被移植到许多平台上（经过改动使它能够在不同平台上工作）。这些平台包括 Linux、Windows、FreeBSD、Macintosh、Solaris、OS/2、Amiga、AROS、AS/400、BeOS、OS/390、z/OS、Palm OS、QNX、VMS、Psion、Acom RISC OS、VxWorks、PlayStation、Sharp Zaurus、Windows CE、PocketPC、Symbian，以及 Google 基于 Linux 开发的 Android 平台。

◉ 7. 解释性：一个用编译性语言，比如 C 或 C++ 写的程序可以从源文件（即 C 或 C++ 文件）转换成一个你的计算机使用的语言（二进制代码，即 0 和 1）。这个过程通过编译器和不同的标记、选项完成，运行程序的时候，连接器或转载器软件把你的程序从硬盘复制到内存中并且运行。而 Python 语言写的程序不需要编译成二进制代码，可以直接从源代码运行程序。在计算机内部，Python 解释器把源代码转换成称为"字节码"的中间形式，然后把它翻译成计算机使用的机器语言并运行。这使得 Python 更加简单，也使得 Python 程序更加易于移植。

◉ 8. 面向对象：Python 既支持面向过程的编程，也支持面向对象的编程。在"面向过程"的语言中，程序是由过程或仅仅是可重用代码的函数构建起来的。在"面向对象"的语言中，程序是由数据和功能组合而成的对象构建起来的。

◉ 9. 可扩展性：如果需要一段关键代码运行得更快或者希望某些算法不公开，部分程序可以用 C 或 C++ 编写，然后在 Python 程序中使用它们。

◉ 10. 可嵌入性：可以把 Python 嵌入 C/C++ 程序，从而向程序用户提供脚本功能。

◉ 11. 丰富的库：Python 标准库确实很庞大。它可以帮助处理各种工作，包括正则表达式、文档生成、单元测试、线程、数据库、网页浏览器、CGI、FTP、电子邮件、XML、XML-RPC、HTML、WAV 文件、密码系统、GUI（图形用户界面）、Tk 和其他与系统有关的操作。这被称作 Python 的"功能齐全"理念。除了标准库以外，还有许多其他高质量的库，如 wxPython、Twisted 和 Python 图像库等。

2.1 Python 下载与安装

Python 内置的开发环境安装很简便，只需要访问 Python 官网：www.python.org 进行下载安装即可。

官网首页如下。

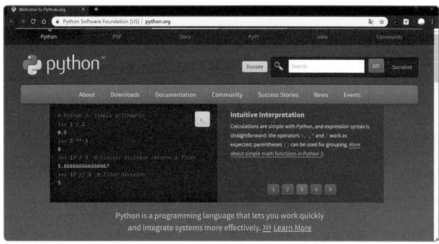

◎ 单击 Downloads 查看下载选项。

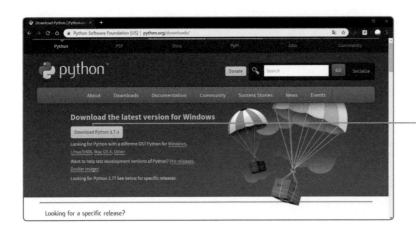

◉ 在 Downloads 页面中直接单击下载当前最新版本即可。

如果你的计算机系统是苹果 Mac OS 或者 Linux，那么系统已经内置了 Python，不过一般为 2.x 版本，需要选择对应系统安装最新版。

◉ 若不是 Windows 系统，就需要选择对应 Mac OS 或者 Linux 系统。

◉ 然后选择最新版。

◉ 进入页面滑动到最底部的下载表格，单击对应系统安装包下载即可，根据计算机选择 64bit 或者 32bit。

电脑 › OS Windows (C:) › Downloads

python-3.7.4.exe

◉ 找到下载目录，打开文件开始安装。

请注意一定要勾选"Add Python 3.7 to PATH",否则环境变量缺失识别不到。

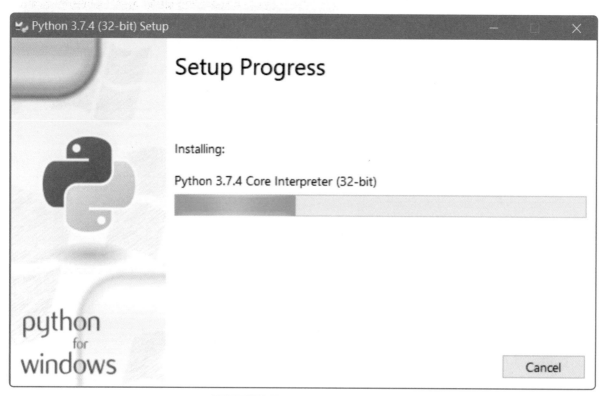

开始开装。

◎ 安装完成单击"Close"按钮。

◎ I. 在计算机程序列表里可以查看安装好的程序，它们都保存在 Python 文件夹内。
　2. 找到程序中带有 Python 标志并有黑框的图标，打开它，接下来验证安装成功与否。

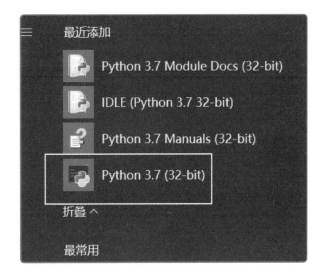

◎ 打开之后，编写"print(233)"然后按 [Enter] 键（注意所有标点都是英文），如果输出"233"，说明成功，否则重复前面所有步骤再验证。

◉ 部分使用 Windows 7 系统的计算机会出现提示缺少 "ms-api"，可以装补丁解决，访问微软官方下载中心，或利用网络搜索 "KB2999226" 补丁下载，"x64" 是 64 位系统的补丁，"x86" 是 32 位系统的补丁。安装完毕重启计算机后问题即可解决。

📄 Windows6.1-KB2999226-x64.msu
📄 Windows6.1-KB2999226-x86.msu

2.2 VS Code 安装

◉ 成功安装 Python 后，接下来安装编辑器。因为 Python 自带的编辑器太简陋，我们使用微软开发的 VS Code，编写起来更加方便（有高亮、提示、颜色区分等，不习惯 VS Code 也可以使用 Pycharm Community 版本）。登录 code.visualstudio.com 进入官网直接单击 "Download for Windows" 下载即可（如果需要其他版本，点击小箭头展开后选择需要的版本）。

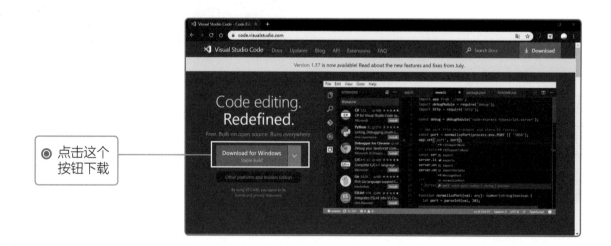

◉ 点击这个
按钮下载

◉ 其他版本可以展开小箭头选择下载，一般选择 Stable 稳定版。

◉ 下载界面如果等待时间过长，可以单击直接下载链接。

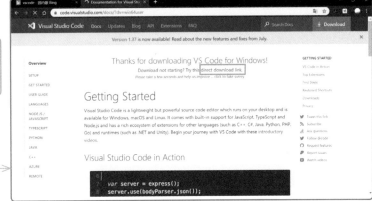

电脑 › OS Windows (C:) › Downloads

VSCodeUserSet
up-x64-1.37.0.e

◉ 在下载目录中找到安装文件开始安装。

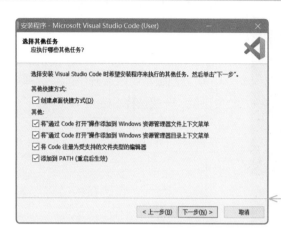

◎ 安装时推荐所有选项全部勾选，然后单击"下一步"按钮开始安装。

◎ 安装完成后，桌面上会出现图标，双击打开这个程序，安装几个插件。主要安装汉语支持、编程提示功能（插件还支持改变皮肤等功能）。

2.3 VS Code 辅助插件

◎ VS Code 所有扩展都在左侧最后一个小方块里，可以在这里搜索、安装、卸载各种插件和功能。

单击此处查看插件

◉ 单击此处搜索需要的插件
（需要联网）。

只示范安装最基础的两个插件。第一个安装汉语显示（搜索框写
"chinese"然后单击"Install"按钮，安装完成后重启软件即可汉语显示）。

◉ 搜索需要的插件，然后单击
"Install"按钮。

◎ 接下来安装 Python 辅助插件（在此处输入 "python"，单击 "Install" 按钮进行安装，这里选择第一个 Microsoft 官方提供的插件）。

◎ 两个插件安装完成后，就可以编写了，这时提示缺失 "pylint"，所以安装 pylint（需要在终端下使用命令行形式安装）。

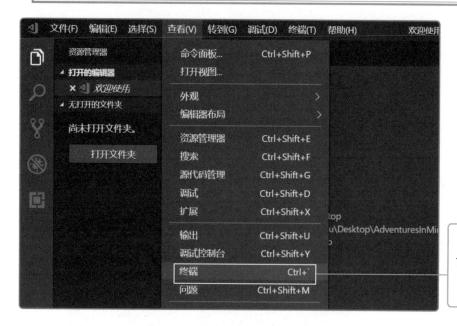

◎ 单击此项打开终端，可以使用快捷键 [Ctrl+`]（"`" 在键盘左上角）。

⊙ 安装 pylint 只需要在终端中写："pip install pylint"（每个单词之间有空格，意思是使用 pip 安装 pylint，如果 pip 报错，说明之前安装 Python 时没有一并安装成功，需要重装 python 再试）。

⊙ 输入结束后按 [Enter] 键，下载安装过程就开始了，请耐心等待。

⊙ 终端中出现如图所示，安装就结束了。

3 VS Code 使用

3.1 Python 文件创建

在任意位置单击鼠标右键新建一个文件夹，选择"Open With Code"。

◎ 1. 还可以使用 VS Code，先单击此图标。

◎ 2. 再选择此选项，找到新建的文件夹并打开。

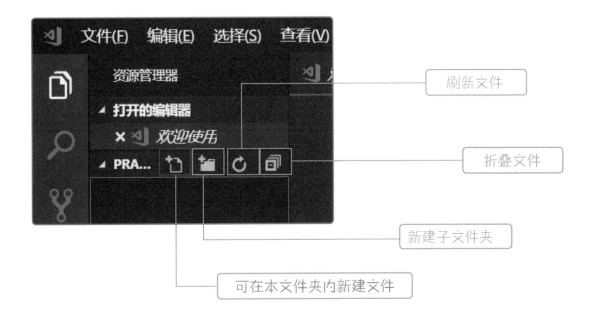

◎ 选择新建选项，为新建文件命名，命名可以用汉语、英语、数字等，但是后缀必须是".py"，表明是 Python 文件。

3.2 简单输出代码测试

◉ 文件创建完毕，参照下图编写，在刚才新建的文件里输出几行字。

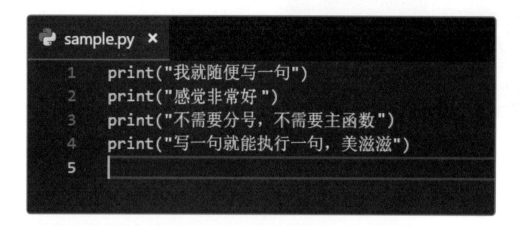

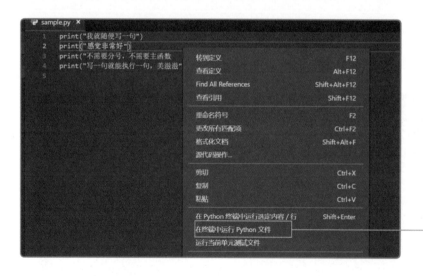

◉ 编写完毕后单击鼠标右键，选择"在终端中运行 Python 文件"。

```
问题    输出    调试控制台    终端
PS C:\Users\maiku\Desktop\practice> python .\sample.py
我就随便写一句
感觉非常好
不需要分号，不需要主函数
写一句就能执行一句，美滋滋
PS C:\Users\maiku\Desktop\practice> █
```

◎ 另外也可以在终端中输入"Python 文件名 .py"来运行，结果是在终端中输出了括号内的字。

扫描二维码下载
示例代码

 **输出与变量**

本章课程目录：

4.1　Python 的输出语句
4.2　Python 的变量及类型
4.3　输出变量案例练习

4.1 Python 的输出语句

通过输出看变量。

创建文件：新建一个空文件夹，然后按配置环境时的步骤，选中并单击鼠标右键，使用 VS Code 打开此文件夹，新建一个如"sample.py"的以".py"结尾的文件，输入以下代码（编程时全部使用英文标点）。

```
print('=======================')
print('|      Welcome!        |')
print("|    Let's Python!     |")
print('=======================')
```

```
PS C:\Users\maiku\Desktop\sample> python .\sample.py
=======================
|      Welcome!        |
|    Let's Python!     |
=======================
```

◉ 运行文件：单击鼠标右键，在终端中运行此文件（单击软件右上角绿色小三角或在命令行输入"python .\sample.py"），结果会在终端中显示出如图所示的内容。

```
print('=======================')
print('|      Welcome!        |')
print("|    Let's Python!     |")
print('=======================')
```

🔲 知识介绍：

A、图中黄色引起来的部分，叫作字符串，它们是已经写定的，不能在程序运行中改变。

B、"print()"即为输出语句。

C、要显示的文字内容放小括号内，并用单引号或双引号引起来。

D、如果要在句子中显示单引号，那么要用双引号将句子引起来（如第3行）。

```
change_words = 'I can change myself.'
print('============================')
print(change_words)
print('============================')
change_words = 'changed!'
print(change_words)
```

　　　变量例子：如果需要在运行中改变显示内容，可以使用变量来暂存数据，并直接使用变量的名字来代替内容，填入括号中即可，如图所示。

　　A、"change_words" 为变量名，按变量实际作用来取名，取名后通过 "=" 号给定初始值即可创建完毕，如第一行。

　　B、变量名可直接用于数据使用，如第三行。

　　C、变量所存内容直接通过 "=" 号进行改变，如第五行。

```
PS C:\Users\maiku\Desktop\sample> python .\sample.py
============================
I can change myself.
============================
changed!
```

　　运行结果：如图所示，确实在运行中改变了内容。

4.2 Python 的变量及类型

■■ 变量类型：我们已经看到变量能够存储数据。实际上，当变量所存内容不同时，类型也不会完全相同，如图所示，"words"里存的是字符串，所以要用引号引起来，"number"里存的是数值，所以直接赋值就可以。

提示：可以使用 type() 来判断变量所存内容是什么类型，比如使用"print(type(words))"可看出 words 所存数据是 str 型，也就是字符串。

```python
words = 'this is a words.'
number = 233
```

4.3 输出变量案例练习

输出成绩单。

```python
name = 'tom'
math = 99
chinese = 80
print('name:',name)
print('math:',math)
print('chinese:',chinese)
```

<<<

案例：将两个知识结合，输出成绩单，要求通过三个变量，分别存储姓名、数学分数、语文分数。

提示：想在同一行输出多个内容，可以在 print() 中用逗号隔开。

```
PS C:\Users\maiku\Desktop\sample> python .\sample.py
name: tom
math: 99
chinese: 80
```

 本章作业

作业：

　　使用所学知识，输出任意图形或句子，尽量美观整齐。

```
PS C:\Users\maiku\Desktop\sample> python .\sample.py
  #
 ###
#####
  |
我是一棵树/(ToT)/~~
```

```
print('  #')
print(' ###')
print('#####')
print('  |')
print('我是一棵树/(ToT)/~~')
```

扫描二维码下载
示例代码

5 输入与判断

本章课程目录：

5.1 Python 的输入语句
5.2 Python 的判断语句
5.3 变量的类型转换

5.1 Python 的输入语句

输入语句的使用。

```
name = input('please input your name:')
print('so ,your name is:',name)
```

案例 1：输入演示，新建 Python 文件，编写如图所示的代码。

代码运行时，会发现终端中的光标处在等待输入命令，那么输入"tom"并换行（如果不能输入，按 [Shift] 键切换为英文进行输入）。

```
PS C:\Users\maiku\Desktop\sample> python .\sample.py
please input you name:
```

完整的运行结果如图所示，输入的内容被保存到"name"这个变量中，然后通过 print() 显示出了 name 变量所存的名字信息，这就是一次完整的输入输出。

```
PS C:\Users\maiku\Desktop\sample> python .\sample.py
please input you name:tom
so ,your name is: tom
```

知识介绍：

A、input() 即为输入语句，小括号里可以写上一段话当作输入提示语（也可不写提示语）。

B、使用变量暂存了输入的内容，如果不用变量，则无法保存获取的数据。

```
name = input('please input your name:')
print('so ,your name is:',name)
```

5.2 Python 的判断语句

判断语句的使用。

案例 2：判断演示，新建文件，编写如下代码。

```python
if 1>2:
    print('1 is the bigger number!')
else:
    print('2 is the bigger number.')
```

知识介绍：

A、if 语句即为判断语句，格式为 if 后空格，然后接判断条件，并写冒号，最后换行至下一行，编写条件满足时要运行的语句（注意这一行必须要比 if 多四个空格，可用 [Tab] 键快速缩进，以体现从属关系）。

B、"if" 意为"如果"，"else" 意为"否则"，所以通常可以在 if 后加 else，表示条件不满足时执行的动作（同样要缩进）。

C、用作条件的语句，一般都是判断大于、小于、等于、不等于（符号为 >、<、==、!=），本例中判断 1 是否大于 2，如果大于，则会执行 if 下的语句，否则执行 else 下的语句。

D、很明显，1 不是大于 2 的，所以这里运行结果会执行 else 下的语句。

5.3 变量的类型转换

案例 3：我们知道纯数字和带引号的字符串不是同一种类型，但是一些特定类型可以互相转换，比如图中所示的字符串'123'可以转换成数字 123。

```
words = '123'
number = int(words)
print(type(number))
```

此处运行结果为 <class 'int'>，说明字符串确实转换成数字了（int 意为整数型变量）。

 知识介绍：

　　A、int() 就是将数据转换成整数类型的语句。同样地，要转换成什么类型，就写成目标类型名即可，例如 str() 就可以把数字转换成字符串、float() 可以转换成小数类型。

　　B、可以使用 type() 来查看当前变量的类型，结果会是数据的类型名。

```
words = '123'
number = int(words)
print(type(number))
```

评分查询

案例4：通过输入、变量类型转换、判断和输出语句，编写成绩评分查询程序。要求输入成绩分数，输出分数的等级（如"you get a A！"）。

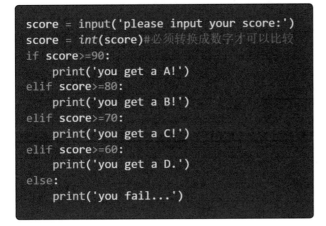

```
score = input('please input your score:')
score = int(score)#必须转换成数字才可以比较
if score>=90:
    print('you get a A!')
elif score>=80:
    print('you get a B!')
elif score>=70:
    print('you get a C!')
elif score>=60:
    print('you get a D.')
else:
    print('you fail...')
```

提示：

A、输入得到的都是字符串，要想比较大小，必须先进行类型转换。

B、如果有多个条件想要判断，可以使用 elif（也就是 else if，可以理解为"再如果"）。

C、如果需要标注程序说明，可以使用注释（注释在程序中会被自动忽略，是给自己提示用的，单行注释使用"#"即可，如第二行）。

本章作业

作业：

使用所学知识，编写一个登录系统，要求输入账号和密码都正确时，才显示登录成功。

提示：

A、要两个条件同时满足，可以使用 and 连接两个条件，比如"if a>b and a>c"就表示 a 必须同时大于 b 和 c 才算条件满足。

B、任意一个条件满足可以用 or，条件不成立时反而满足用 not，比如"if a>b or a<c"和"if not a>b"。

```
PS C:\Users\maiku\Desktop\sample> python .\sample.py
输入你的qq号: 123456
输入你的密码: 666
你已成功登录！
```

```python
qq = '123456'
password = '666'
qq_input = input('输入你的qq号: ')
password_input = input('输入你的密码: ')
if qq_input==qq and password_input==password:
    print('你已成功登录！')
else:
    print('账号或密码错误！')
```

扫描二维码下载
示例代码

6 运算符和循环

本章课程目录：

6.1 Python 常用运算符

案例 1： 新建文件尝试如图所示的代码，感受 Python 中的加、减、乘、除算术运算符。

```
a = 2
b = 3
print('a+b=',a+b)
print('a-b=',a-b)
print('a×b=',a*b)
print('a÷b=',a/b)
```

```
PS C:\Users\maiku\Desktop\sample> python .\sample.py
a+b= 5
a-b= -1
a×b= 6
a÷b= 0.6666666666666666
```

知识介绍：

A、"+" "-" "*" "/" 就分别对应加、减、乘、除四种符号的写法，它们的运算规则和数学计算的规则是一样的。

B、除此之外还有取余，用 % 表示，如 "a%b" 就是 2÷3 求余数，明显商为 0，余数为 2。

C、求幂，比如 "a**b" 就是 2 的 3 次方，结果是 8。

D、取整除商，比如 "a//b" 就是 2÷3，整除商为 0，余数为 2，所以结果是 0。

```
a = 2
b = 3
print('a+b=',a+b)
print('a-b=',a-b)
print('a×b=',a*b)
print('a÷b=',a/b)
```

6.2 Python 的两种循环

案例 2：新建文件编写第一种循环——while 循环。while 循环是一种条件循环，条件满足时就会循环，不满足就停止循环，写法与 if 类似，也是在条件后加冒号，需要循环的内容必须缩进 4 个空格。

```
a = 0
while a<10:
    print(a)
    a+=1
```

提示：

　　A、如果想要一直循环，条件处可直接写"True"，意思就是条件一直满足，应该一直循环。

　　B、本例中 a 小于 10 就会循环，每次循环会加 1，所以会显示 0 到 9。

　　C、"+="符号表示 a 自己存的数值加上等号后的内容，然后存到变量里，类似的还有"−=""*=""/="。

案例 3：编写如下代码，体会 for 循环，它是次数循环。会循环到序列的最后一个，所以这里会循环 10 次，显示结果是 0 到 9。

```
for i in range(10):
    print(i)
```

提示：

A、"i"是一个临时变量，名字可以取别的，每循环一次，i 就会向后移 1 个，本例中每次会增加 1。

B、range(10) 表示产生 1 个终点小于 10 的数列，从 0 开始计数（所以就是 0~9）。

C、如果需要指定计数起点，可以写 range(2,10)，则会从 2 计数，到 9 为止。

D、如果想限定每次步长，可以写第三个参数，如 range(0,10,2)，这样结果会是 0、2、4、6、8（因为每次后移 2 个）。

6.3 购物系统实例

案例 4： 综合所学知识，编写购物系统。要求显示一个有三种商品的购物界面，通过输入对应选项购买商品并计算钱包剩余金钱，重复执行程序，直到金额不满足任何商品购买时，程序退出。

```
money = 100
price1 = 10
price2 = 20
price3 = 30
#第一步先设定初始金钱
和商品价格
```

提示：

A、退出最近一个循环可以使用 break。

B、暂停某次循环，可以使用 continue。

C、输入内容是字符串，如果不转换数据类型的话，条件语句处必须加引号引起来才能进行判断。

```
#第一步先设定初始金钱和商品价格
while True:#然后一直循环,作为显示界面
    print('''
    ====================================
    | 1.苹果￥10 2.荔枝￥20 3.榴莲￥30 |
    |                                  |
    | 输入数字购买，输入q或者没钱了退出|
    ====================================
    ''')#多行显示可以前后各3个单引号包起来
```

```
    ''')#多行显示可以前后各3个单引号包起来
    #接着做判断功能，注意仍然在while中，要保持缩进
    choice = input('数字选择您的商品: ')
    if choice == '1':
        print('你买了苹果，消费10元。')
        money -= price1#每次减去对应消费
        print('剩余金额: ',money)
    elif choice == '2':
        print('你买了荔枝，消费20元。')
        money -= price2
        print('剩余金额: ',money)
    elif choice == '3':
        print('你买了榴莲，消费30元。')
        money -= price3
        print('剩余金额: ',money)
```

```
    #最后写退出条件，依然要缩进
    if money<price1 or choice=='n':
        #任意一个满足就退出，使用or
        print('感谢购物，再见。')
        break#退出循环
```

```
PS C:\Users\maiku\Desktop\sample> python .\sample.py

    ==============================
   | 1.苹果￥10 2.荔枝￥20 3.榴莲￥30 |
   |                              |
   | 输入数字购买，输入q或者没钱了退出 |
    ==============================

数字选择您的商品: 2
你买了荔枝，消费20元。
剩余金额:  80

    ==============================
   | 1.苹果￥10 2.荔枝￥20 3.榴莲￥30 |
   |                              |
   | 输入数字购买，输入q或者没钱了退出 |
    ==============================

数字选择您的商品: ▮
```

运行效果和完整代码。

```python
money = 100
price1 = 10
price2 = 20
price3 = 30
#第一步先设定初始金钱和商品价格
while True:#然后一直循环，做显示界面
    print('''
    ==============================
   | 1.苹果￥10 2.荔枝￥20 3.榴莲￥30 |
   |                              |
   | 输入数字购买，输入q或者没钱了退出 |
    ==============================
    ''')#多行显示可以前后各3个单引号包起来
    #接着做判断功能，注意仍然在while中，要保持缩进
    choice = input('数字选择您的商品: ')
    if choice == '1':
        print('你买了苹果，消费10元。')
        money -= price1#每次减去对应消费
        print('剩余金额: ',money)
    elif choice == '2':
        print('你买了荔枝，消费20元。')
        money -= price2
        print('剩余金额: ',money)
    elif choice == '3':
        print('你买了榴莲，消费30元。')
        money -= price3
        print('剩余金额: ',money)
    #最后写退出条件，依然要缩进
    if money<price1 or choice=='n':
        #任意一个满足就退出，使用or
        print('感谢购物，再见。')
        break#退出循环
```

本章作业

作业:

　　本章内容较多，练习课堂代码，如有时间可自行设计。

扫描二维码下载
示例代码

7 列表和字典

本章课程目录:

7.1 Python 的列表用法

案例 1: 新建文件编写如下代码, 学习列表的使用。列表可以把不同类型的数据存在一起, 用方括号包起来, 然后用一个变量名表示整个列表, 列表的内容具有增、删、改、查的基本功能。

```
infor = []            #新建一个空列表
infor.append('tom')   #给列表新加一个元素
infor.append(100)     #再新加一个，类型可以不同
print(infor[0])       #访问第一个元素
infor[1] = 233        #修改第二个元素
print(infor)          #访问整个列表
del infor[0]          #删除第一个元素
print(infor)          #再查看整个列表
```

知识介绍：

A、列表初始化的时候可以填写初始值，类型可以不同，用逗号隔开即可。

B、如果只想要空列表，直接写一对方括号即可。

C、想要增加元素，使用 append()，会在队尾添加一个新的元素。

D、使用 del 可以删除元素。

E、访问和修改某个元素，都需要使用"列表名 [下标]"的方式，下标就是元素的顺序，从 0 开始计数，比如 infor[0] 表示 infor 列表的第一个元素。

按照之前的知识介绍，可以推演程序运行结果，将得到的结果和实际进行验证，程序运行结果如图所示。

```
PS C:\Users\maiku\Desktop\sample> python .\sample.py
tom
['tom', 233]
[233]
```

案例 2：代码如下，可以体会列表的更多特性，例如列表的切片访问、列表的循环迭代。

知识介绍：

A、列表是可以循环迭代出来的，比如这里 for 循环中的 i，每次循环 i 就会按顺序获取一个元素，所以这个循环会依次显示出 infor 中的每个元素。

B、列表可以切片，就是可以切取某一段，如本例中 1：2 表示切取 infor 中从下标为 1 的元素起，到下标为 2 的元素止（不包含下标 2）之间的所有元素，所以把 bob 这个元素切出来了。

```python
infor = ['tom','bob','alice']
for i in infor:#列表是可循环迭代的
    print(i)    #i会依次获取列表元素
new_infor = infor[1:2]#列表可以切片
print(new_infor)#切出来的是第二个元素
```

```
PS C:\Users\maiku\Desktop\sample> python .\sample.py
tom
bob
alice
['bob']
```

7.2 Python 的字典用法

案例 3：接下来看字典的使用，字典和列表很像，不同点在于，字典直接指定了每个元素的名字，把这个名字称为 key（键值），然后名字对应的内容称为 value。

知识介绍：

A、字典的访问、删除、修改等和列表类似，只是下标直接写对应 key（键值）即可，这里运行结果是 12。

B、键值不可以是可变的量，且键值不能重复。

C、和列表类似的还有元组（元组内的元素不可改变）、集合（集合是无序不重复的）。

```python
dic_infor = {'hp':100,'mp':90,'level':12}
#新建一个字典，字典使用花括号括起来，key和value之间写冒号
print(dic_infor['level'])#访问、修改等直接写对应key即可
```

7.3 简单角色信息存储

案例 4：编写一个游戏角色信息存储的程序，要求使用列表和字典来存储。

```python
#创建三个字典，用来存每个角色的不同信息
person0 = {'name':0,'level':0,'roletype':0}
person1 = {'name':0,'level':0,'roletype':0}
person2 = {'name':0,'level':0,'roletype':0}
#列表中存入字典，一会存所有角色
all_person = [person0,person1,person2]
for i in range(3):
    all_person[i]['name'] = input('输入角色名称:')
    all_person[i]['level'] = input('当前等级:')
    all_person[i]['roletype'] = input('角色职业:')
    print('--------------------------------\n')
#其中\n表示换行
#录入完毕之后，显示存储结果
for i in all_person:
    print('================================')
    print(i['name'],i['level'],i['roletype'])
```

```
PS C:\Users\maiku\Desktop\sample> python .\sample.py
输入角色名称:thunder
当前等级:99
角色职业:战士
--------------------------------

输入角色名称:Yui
当前等级:34
角色职业:牧师
--------------------------------

输入角色名称:kami
当前等级:1000
角色职业:法师
--------------------------------

================================
thunder 99 战士
================================
Yui 34 牧师
================================
kami 1000 法师
```

本章作业

作业：

自己用搜索引擎查找元组和集合的相关知识，看看它们具体有何用途。

扫描二维码下载
示例代码

8 函数编程

本章课程目录：

8.1 Python 函数编写

```
def 函数名(参数1,参数2):
    执行语句
    return 返回值
```

 知识介绍：

A、定义函数以 def 开头。

B、函数名按照函数功能来取（用英文，这里用汉语只是方便说明）。

C、紧接着写小括号，括号内写参数，多个参数用逗号隔开，如果没有参数也可空着。

D、接着写冒号，换行后写函数内容，注意缩进。

E、函数有结果需要返回时，要写return。

案例 1: 没有参数,也没有返回值的函数。

```python
#定义一个函数,显示1到10
def one_2_ten():
    for i in range(1,11):
        print(i)
#函数需要调用才有效↓
one_2_ten()
one_2_ten()#再用一次
```

知识介绍:

　　A、这种函数只是执行一个动作,不能调节它的行为,也不会告知计算结果。

　　B、函数定义完成后,如果不调用,就不会执行。

　　C、调用几次就会执行几次,调用时直接写函数名和小括号内容,这里运行结果是显示两次 1 到 10。

案例 2: 有参数,没有返回值的函数。

知识介绍:

　　A、这时小括号里多了一个变量,这个变量就是参数,名字按功能取就可以,参数只在当前函数内有效。

　　B、我们把这个变量放在了生成数列的步长处,所以就可以通过参数对函数效果进行调节了。

```python
#定义函数,间隔显示1到10,步长由参数决定
def one_2_ten(num_type):
    for i in range(1,11,num_type):
        print(i)
#函数需要调用才有效↓
one_2_ten(2)#隔两个显示一次
one_2_ten(3)#隔三个显示一次
```

　　C、有参数了,调用的时候就需要在括号内写上参数值,这里运行结果是 1、3、5、7、9、1、4、7、10。

案例3： 既有参数，又有返回值的函数。

```
#定义函数，用于计算一元二次算式的结果
def fix(x):
    return 2*(x**2)+3*x+4
#使用return返回2x²+3x+4这个式子的结果
a = fix(2)#可以使用变量保存返回的结果
print(a)
```

知识介绍：

A、图中简单函数，通过 x 这个参数来决定输入值，通过 return 将计算的结果输出。

B、有返回值的函数，输出的值如果没有变量来存，就只能每次调用来获取结果。

C、可能读者已经发现，函数 fix(2) 这种形式和之前的 input()、print() 等很像；确实，它们都是函数，只是 print() 之类的都是内置函数，不用定义；本例结果是 18。

8.2 函数编程的作用

经过几个简单的案例，来梳理一下函数编程的作用：

A、函数编程可以把一系列语句包裹在一个函数中，当需要多次使用某一段代码时，可以直接写函数名来调用，从而节省代码量，同时函数名称能体现出函数的大概作用，便于代码阅读。

B、函数提供了参数和返回值，从而可以实现函数之间的信息交换，这样可以做到协同完成整个程序的功能。

C、通过函数的封装，很多复杂的操作都被隐藏在函数内部，我们不需要知道某个函数内部是怎么实现的，只需要知道这个函数能做什么就行了，这样可以把注意力更好地放在程序主要逻辑上来。

8.3 背包复制函数

案例 4: 编写一个函数，要求这个函数可以从别人的背包中复制出所有道具，并装进自己的背包，背包使用列表来存储，函数有两个参数和一个返回值。

```python
#先创建两个列表，分别是别人的背包和我的背包
others_bag = ['精灵弓 X1','箭矢 X20','金币 X100']
my_bag = ['咸鱼 X1']
print("others' bag:",others_bag)
print("my bag:",my_bag)
#编写函数，实现从别人那里复制物品
def copy(bag1,bag2):#参数就是别人和自己的包
    for i in bag1:    #通过for循环获取bag1的每个物品
        bag2.append(i)#通过append添加到bag2列表
    return bag2 #最后返回复制后的列表
#接下来调用这个copy()函数去复制一下背包
my_bag = copy(others_bag,my_bag)
#将返回结果存自己包里
print('copy success:',my_bag)#显示复制后自己的包物品
```

本章作业

作业:

将案例 4 练习理解后，运用之前的知识尝试让输出结果更好看、更直观。

扫描二维码下载
示例代码

pygame 初识

本章课程目录:

9.1 Python 的第三方库

知识介绍:

A、Python 本身具有一些基本功能和函数，但是很明显并不能覆盖所有需要的功能，比如图像的处理、大量数据计算分析等，这时就需要第三方库。

B、这种第三方库在 Python 中使用 pip 来进行安装、升级、卸载等管理；Python 官方库网址 :https://pypi.org（在之前配置开发环境时，已经使用过 pip install pylint 这个命令，今后安装第三方库都可以使用"pip install 库名称"的形式来安装）。

C、本书后续内容是以编写游戏为主题，所以使用 pygame 这个第三方库，那么需要在终端中使用"pip install pygame"进行安装（可翻看本书前面的配置部分参考后安装，安装时需要联网，见到"done""success"即表示安装成功，如果在后续编码时无法找到 pygame 库，重新安装即可）。

```
PS C:\Users\maiku\Desktop\sample> pip install pygame
Requirement already satisfied: pygame in c:\users\mai
```

9.2 pygame 的简单介绍

pygame 是 Python 中比较流行的游戏库，它提供的函数能够处理图像、文字、声音等，也有一些商业游戏项目采用 pygame 开发，但一般来说不适合开发大型游戏，我们学习 Python 编程用它比较合适（另外从此处开始，就要大量使用函数等内容了，难度会有所上升）。

案例 1：新建文件来测试一下 pygame 安装效果，同时学习库的导入方法。

知识介绍：

A、要使用额外的库，都需要通过 import 来导入对应的库。

B、如果只想导入库的某一部分功能，可以通过"."来一层一层找到具体功能，也可以使用"from 库名称 import 具体功能"的方法。

C、本例是自带的参考例子，一个外星人入侵小游戏，运行没问题表示安装 pygame 成功，examples 下层还有很多其他的样例游戏可自行查看。

```
import pygame#导入pygame库
#然后导入pygame库中的aliens例子
import pygame.examples.aliens
#运行这个aliens的主函数入口
pygame.examples.aliens.main()
```

运行结果

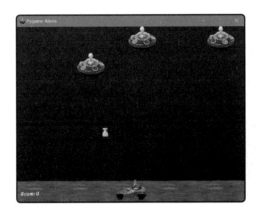

9.3 创建窗体、背景

案例 1： 通过编写一个窗体界面，来体验 pygame 的初始化、颜色处理、事件获取等功能。

说明：

　　开始游戏编写之后代码较长，后文都会按步骤给出，并进行说明，有的还会有简易流程图，另外代码注释中也会写明关键提示。

知识介绍：

　　A、size 处，先进行了多元赋值，将两个数值赋给 width 和 height，然后又赋给了 size，变成元组（类似列表，但不可改变），这时整体形成多重赋值，如果打印 size 结果会是 (600,400)。

　　B、screen 接收了 pygame 建立的对象，对象这个概念后面会再学。

```python
import pygame#导入pygame库
pygame.init()#调用初始化函数
#设定窗口的宽和高
size = width,height = 600,400
#↑上述多元赋值后又赋给size，成为元组
#接下来创建屏幕，也是变量存储就可以
screen = pygame.display.set_mode(size)
#----第一步完毕，程序运行会有窗口闪过-----
```

运行后会有如图所示一闪而过的黑色窗体。

说明：

　　A、接下来跟着第一步后面编写，主要完成持续运行、画面更新和单击右上角 × 退出程序 3 个功能的编写。

　　B、退出功能需要使用 sys 库，这是一个内置库，不用额外下载安装，直接在文件头部"import sys"导入即可。

知识介绍：

　　A、注意缩进，每次遇到循环、判断、函数等，都要注意 4 个空格缩进，这样才能体现层级关系，才能让程序按预想正常运行（Python 严格依靠缩进来区别不同的代码块）。

```python
#---- 第一步完毕，程序运行会有窗口闪过-----
#要想程序持续运行，需要使用循环
while True:
    #在循环中，每循环一次就判断要不要退出
    for event in pygame.event.get():
    #使用for循环获取当前pygame窗体的事件
        if event.type == pygame.QUIT:
        #如果获取到的事件类型是QUIT(退出)
            sys.exit()#那么调用系统退出
    #每次判断完毕后，就要更新窗口画面
    pygame.display.update()#update意为更新
#--- 第二步完毕，现在窗口不会闪退，可用鼠标关闭
```

```
#----第一步完毕，程序运行会有窗口闪过-----
#也可以设定窗口名称
pygame.display.set_caption('我的游戏')
#定义一个列表存储背景色，采用rgb颜色表示
#可搜索rgb颜色对照表选择自己喜欢颜色的数值
bgcolor = [0,255,255]
#背景色需要使用fill()填充，我们放在循环里
#要想程序持续运行，需要使用循环
while True:
    #在循环中，每循环一次就判断要不要退出
    for event in pygame.event.get():
    #使用for循环获取当前pygame窗体的事件
        if event.type == pygame.QUIT:
            #如果获取到的事件类型是QUIT(退出)
            sys.exit()#那么调用系统退出
    screen.fill(bgcolor)#填充背景色
    #每次判断完毕，就要更新窗口画面
    pygame.display.update()#update意为更新
#---第二步完毕，现在窗口不会闪退，可用鼠标关闭
```

完整代码。

```
import pygame#导入pygame库
import sys#导入系统库，无需安装
pygame.init()#调用初始化函数
#设定窗口的宽和高
size = width,height = 600,400
#将上述多元赋值后又赋给size，成为元组
#接下来创建屏幕，也是变量存储就可以
screen = pygame.display.set_mode(size)
#----第一步完毕，程序运行会有窗口闪过-----
#也可以设定窗口名称
pygame.display.set_caption('我的游戏')
#定义一个列表存储背景色，采用rgb颜色表示
#可搜索rgb颜色对照表选择自己喜欢颜色的数值
bgcolor = [0,255,255]
#背景色需要使用fill()填充，我们放在循环里
#要想程序持续运行，需要使用循环
while True:
    #在循环中，每循环一次就判断要不要退出
    for event in pygame.event.get():
    #使用for循环获取当前pygame窗体的事件
        if event.type == pygame.QUIT:
            #如果获取到的事件类型是QUIT(退出)
            sys.exit()#那么调用系统退出
    screen.fill(bgcolor)#填充背景色
    #每次判断完毕，就要更新窗口画面
    pygame.display.update()#update意为更新
#---第二步完毕，现在窗口不会闪退，可用鼠标关闭
```

■ 说明：
　　A、接下来添加窗口名称和背景颜色，这两句代码都写在循环前面。
　　B、实际填充颜色的代码写在循环里。

■ 知识介绍：
　　A、bgcolor 是一个列表，它保存了背景颜色的 rgb 信息，但是要注意，变量在实际使用前，都只是数字的容器而已，并不能设定完变量就看到背景效果。
　　B、背景色设定放在了循环中，这样就可以每次刷新背景了，这时才真的使用了 bgcolor 中存储的数值。

　　再次运行程序，这时窗体名称和背景就已经变了。

本章作业

作业：

接触的新内容较多，库的使用、函数的大量调用，需要多练习体会。

扫描二维码下载
示例代码

 **pygame 图片处理**

本章课程目录：

10.1　载入图片、调整大小
10.2　图片显示规则
10.3　足球反弹

10.1 载入图片、调整大小

案例 1： 新建文件，准备好两个图片文件（可自行下载喜欢的图片，这两个图片完整文件名已经改为 "football.png" 和 "background.jpg"），三个文件放同一文件夹内，然后编码进行图片载入和大小调整。

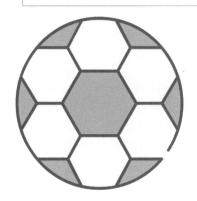

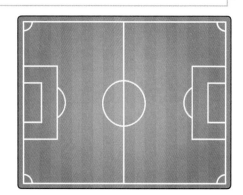

```
import pygame#导入pygame库
import sys#导入系统库，无须安装
pygame.init()#调用初始化函数
size = width,height = 600,400
screen = pygame.display.set_mode(size)
pygame.display.set_caption('我的游戏')
def q():#把退出处理写成函数，方便之后阅读
    for event in pygame.event.get():
        if event.type == pygame.QUIT:
            sys.exit()
#使用变量保存载入的图片，图像函数一般在image中
football = pygame.image.load('football.png')
#载入的图片会被认为是一层一层的面，称为surface
football = pygame.transform.smoothscale(football,(60,60))
#↑通过transform改变surface的大小，存回变量中
while True:
    q()#调用退出处理函数，判断要不要退出
    #↓使用blit()显示图片，第二个参数是图片坐标
    screen.blit(football,(100,100))
    pygame.display.update()#update意为更新
```

说明：

A、为了方便后面的阅读，退出处理部分已经写成函数 q()。

B、pygame 中的图像相关函数在 image 里，载入使用 load()。

C、载入时填写图片完整名称，载入的图片数据被视为一个表面 (surface)，这个面可以改变坐标、大小。

D、显示图片时，使用创建的屏幕来显示，所以这里用了 screen，显示函数是 blit()，它有两个参数，分别是要显示的面和这个面的坐标。

10.2 图片显示规则

知识介绍：

A、在 pygame 中采用屏幕左上角为坐标原点，向下为 y 正方向，向右为 x 正方向。

B、显示图片的时候指定图片面的坐标，也是图片的左上角，surface 默认 (0,0)。

C、先显示的图片会被后显示的图片盖住，所以背景图片要先显示。

```python
import pygame#导入pygame库
import sys#导入系统库，无须安装
pygame.init()#调用初始化函数
size = width,height = 600,400
screen = pygame.display.set_mode(size)
pygame.display.set_caption('我的游戏')
def q():#把退出处理写成函数，方便之后阅读
    for event in pygame.event.get():
        if event.type == pygame.QUIT:
            sys.exit()
#使用变量保存载入的图片，图像函数一般在image中
football = pygame.image.load('football.png')
bg = pygame.image.load('background.jpg')
#载入的图片会被认为是一层一层的面，称为surface
football = pygame.transform.smoothscale(football,(60,60))
bg = pygame.transform.smoothscale(bg,(600,400))
#通过transform改变surface的大小，存回变量中
while True:
    q()#调用退出处理函数，判断要不要退出
    #↓使用blit()显示图片，第二个参数是图片坐标
    screen.blit(bg,(0,0))#从左上角开始显示背景图
    screen.blit(football,(100,100))
    pygame.display.update()#update意为更新
```

说明：

载入背景图片后，设定为与窗口一样大小，然后将坐标设为 (0,0)，此时正好铺满背景。

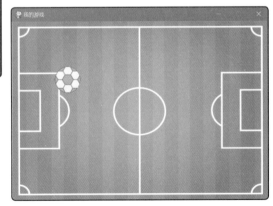

10.3 足球反弹

案例2：让足球在球场中运动，碰到边界就反弹，在原来的代码上做如下改动。

```
ballx,bally,speedx,speedy = 30,20,1,1
#设定足球图片的坐标和运动速度
while True:
    q()#调用退出处理函数，判断要不要退出
    #↓使用blit()显示图片，第二个参数是图片坐标
    screen.blit(bg,(0,0))#从左上角开始显示背景图
    ballx+=speedx
    bally+=speedy#循环中让坐标发生变化，则足球会运动
    if ballx+60>600 or ballx<0:
    #足球左右边碰到边界就速度反向
        speedx=-speedx
    if bally+60>400 or bally<0:#上下边也一样
        speedy=-speedy
    screen.blit(football,(ballx,bally))
    pygame.display.update()#update意为更新
```

提示：

　　A、我们知道图片显示的位置依靠坐标来决定，那么坐标变化就意味着图片运动。

　　B、图片坐标要变化，写定的数值显然是不可以的，所以用变量来表示坐标和对应速度。

　　C、碰到边界实际上就是坐标超出屏幕大小了，需要注意图片上下左右边的坐标要考虑图片尺寸。

本章作业

作业：

　　自己查找喜欢的背景和角色图，练习图片的使用方法。

扫描二维码下载
示例代码

pygame 键盘与鼠标

本章课程目录：

11.1　绘制图形
11.2　键盘事件处理
11.3　鼠标事件处理

11.1 绘制图形

案例 1： 新建文件，准备好如下代码，然后添加代码实现绘制图形功能。

```python
import pygame#导入pygame库
import sys#导入系统库，无须安装
pygame.init()#调用初始化函数
size = width,height = 600,400
screen = pygame.display.set_mode(size)
pygame.display.set_caption('我的游戏')
def q():#把退出处理写成函数，方便之后阅读
    for event in pygame.event.get():
        if event.type == pygame.QUIT:
            sys.exit()
while True:
    q()#调用退出处理函数，判断要不要退出
    pygame.display.update()#update意为更新
```

在循环部分添加如下几行代码，实现绘制图形。

```python
while True:
    q()#调用退出处理函数，判断要不要退出
    #↓绘制图形都在draw下层，画直线就用line()
    pygame.draw.line(screen,(255,0,0),(100,300),(200,300),2)

    #画矩形，第一个参数表示绘制目标是screen，第二个元组表示颜色绿色
    pygame.draw.rect(screen,(0,255,0),(10,20,100,100),10)
    #画圆形也差不多，颜色之后是位置信息，所以是圆心和半径
    pygame.draw.circle(screen,(0,0,255),(300,100),50,0)
    pygame.display.update()#update意为更新
```

> 说明：
>
> A、绘制函数都在 draw 下层，画什么都写对应函数名，比如直线是 line()，圆是 circle()。
>
> B、这几个绘制函数的参数都差不多，前两个参数都是绘制显示的目标和颜色，不同点在于第三项，虽然第三个都是坐标，但是 line() 里面 (100,300) 和 (200,300) 表示线的起点终点坐标；rect() 里面 10、20 表示矩形左上角坐标，100、100 表示 x、y 方向的长度；circle() 里面 (300,100) 是圆心，50 是半径；最后的 2、10、0 都是表示线的粗细，填 0 表示实心。

运行结果。

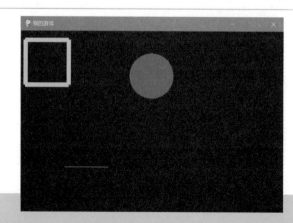

11.2 键盘事件处理

案例 2： 案例 1 的代码中删去矩形、直线、退出处理，然后来编写键盘检测，用键盘来控制圆形的位置，按一下"wsad"中任意一个，就会动一下位置。

```
import pygame#导入pygame库
import sys#导入系统库.
pygame.init()#调用初始化函数，无须安装
size = width,height = 600,400
screen = pygame.display.set_mode(size)
pygame.display.set_caption('我的游戏')
from pygame.locals import *#从本地库导入所有键盘值
c_x,c_y=300,100#圆的圆心坐标
while True:
    #q()#调用退出处理函数，判断要不要退出
    for event in pygame.event.get():
        #如果事件类型是KEYDOWN，说明有按键按下了
        if event.type == pygame.KEYDOWN:
            #再来检查是哪个按键
            if event.key == pygame.K_a:
                c_x-=10#按a表示向左，坐标减10
            if event.key == pygame.K_d:
                c_x+=10
            if event.key == pygame.K_w:
                c_y-=10
            if event.key == pygame.K_s:
                c_y+=10
            if event.key == pygame.K_q:
                sys.exit()#按q就退出
    screen.fill((0,255,255))#重新覆盖背景
    pygame.draw.circle(screen,(0,0,255),(c_x,c_y),50,0)
    pygame.display.update()#update意为更新
```

说明：

A、使用键盘前，先要导入键盘值，通过 import * 表示导入所有键盘值。

B、键盘也是一种事件，所以和退出处理类似，直接用按键值来处理退出也可以。

C、获取到事件类型 KEYDOWN，说明键盘按下了，就可以用事件内的 key 来进行判断，键盘值都是用 K_a 形式命名的，按键字母就是"K_ 对应字母"。

11.3 鼠标事件处理

案例 3： 鼠标处理演示，如下代码实现的功能是用鼠标点一下圆形内部，圆形就改变颜色。

```python
import pygame#导入pygame库
import sys#导入系统库，无须安装
pygame.init()#调用初始化函数
size = width,height = 600,400
screen = pygame.display.set_mode(size)
pygame.display.set_caption('我的游戏')
from random import randint#导入随机整数库
import math#导入数学库
c_x,c_y=300,100#圆的圆心坐标
x,y = 0,0#鼠标的x、y坐标
r,g,b=0,0,0#圆形颜色
while True:
    for event in pygame.event.get():
        #如果事件类型是MOUSEBUTTONDOWN，鼠标按键按下了
        if event.type == pygame.MOUSEBUTTONDOWN:
            #再判断按下哪个键，左中右键分别是1、2、3
            if event.button == 1:
                x = event.pos[0]#按下左键就获取当前位置
                y = event.pos[1]
                #再判断位置在不在圆形内部
                inner=math.sqrt((x-c_x)**2+(y-c_y)**2)
                if inner<=50:#坐标距离圆形小于半径
                    r = randint(0,255)#就随机新颜色
                    g = randint(0,255)
                    b = randint(0,255)
        if event.type == pygame.QUIT:
            sys.exit()#处理退出

    screen.fill((0,255,255))#重新覆盖背景
    pygame.draw.circle(screen,(r,g,b),(c_x,c_y),50,0)
    pygame.display.update()#update意为更新
```

说明：

A、因为要随机新颜色和计算是否单击在圆形内部，所以导入 randint 和 math 两个库用来随机和计算。

B、鼠标也是事件，类型如果是 MOUSEBUTTONDOWN 说明鼠标按下了，这时可以获取鼠标的信息。

C、鼠标按下的键位，用 1、2、3 表示左中右，所以 "==1" 说明左键按下。

D、鼠标的位置，在 event.pos 里面，是一个元组，pos[0] 是 x，pos[1] 是 y；这里计算距离使用了两点距离公式 $(x1-x2)^2+(y1-y2)^2$ 并开方。

本章作业

作业：

案例中的图形都很简单，背景色也不是很美观，可以用自己喜欢的背景图和角色图来练习编写键盘与控制鼠标。

扫描二维码下载示例代码

面向对象、音乐

本章课程目录：

12.1 面向对象的概念

12.2 音乐播放

12.3 播放器制作

12.1 面向对象的概念

案例 1： 新建文件，编写如下代码，了解面向对象的概念。

📖 知识介绍：

　　A、Python 是面向对象的语言，可以提高大规模编程的效率。

　　B、先看类的概念，就是具有相同特征的东西叫作一类，比如法国人、日本人都是人类，都有眼睛、鼻子、嘴巴。

　　C、类允许有不同属性，比如虽然都是人类，但高矮胖瘦属性不同。

　　D、类在使用时需要先实例化，也就是输入属性信息创建出一个具体的例子，如这里的 tom，这个实例就称为对象。

　　E、本例执行结果是"nice to meet you,my name is tom,I'm 10 years old."。

```
class hello(object):#创建一个用于问候的类
    #↓首先设定这个类具有的属性，因为是问候
    #所以属性有名字、问候语、年龄
    def __init__(self,name,hello_words,age):
        self.name = name#将传入的数值保存到属性中
        self.hello_words = hello_words
        self.age = age
    #这个类中有一个函数，用来输出问候语，用到的参数就是
    #这个类当中所设定的属性值
    def say_hello(self):
        print("%s,my name is %s,I'm %d years old."\
            %(self.hello_words,self.name,self.age))
    #†%s表示字符串，%d表示整数，中间的\表示一行写不下了
    #红色的%后面内容就是用于按顺序填充前面%s、%s、%d的内容
#↓可以用类来创建一个对象，比如这里的tom，就是一个实例化对象
#创建的时候必须输入数值，这些数值就是属性
tom = hello('tom','nice to meet you',10)
tom.say_hello()#直接使用tom来调用内部函数
```

12.2 音乐播放

案例 2： 新建文件，编写如下代码，使用 pygame 提供的函数实现音乐播放。

```
import pygame,sys
pygame.init()
size = h,w = 640,480
screen = pygame.display.set_mode(size)
pygame.mixer.init()#初始化混音器
#↓load()载入背景音乐，play()播放
pygame.mixer.music.load('test.mp3')
pygame.mixer.music.play(-1)
#播放次数，-1表示一直循环
pygame.mixer.music.set_volume(0.1)
#音量，最大1.0
t = pygame.mixer.Sound('beep1.ogg')
#创建声音，不能太长
t.play()#播放此声音
while True:
    for e in pygame.event.get():
        if e.type == pygame.QUIT:
            sys.exit()
```

说明：

A、声音文件名称"test.mp3"可以根据自己的音乐文件来改。

B、play() 可以有两个参数，第一个表示循环次数，-1 就一直循环，第二个参数表示播放起始时间，默认从头播放。

C、直接播放声音，可以用 Sound() 来实例化一个声音，比如这里的 t，然后可以用这个 t 对象，play() 就是播放，stop() 就是停止播放（文件不要过大、过长，否则载入失败）。

12.3 播放器制作

案例 3：新建文件，编写如下代码，制作模拟播放器，可以通过鼠标单击暂停和继续播放。

```python
import pygame,sys,time
pygame.init()
size = h,w = 360,120
screen = pygame.display.set_mode(size)
pygame.mixer.init()#初始化混音器
pygame.mixer.music.load('test.mp3')
pygame.mixer.music.set_volume(0.1)#音量，最大1.0
pygame.mixer.music.play(-1)
status = 0#存储播放状态的变量
while True:
    for e in pygame.event.get():
        if e.type == pygame.QUIT:
            sys.exit()
        if e.type == pygame.MOUSEBUTTONDOWN:
            if e.button == 1 and status == 0:
                status = 1#每次点击就切换状态
            elif e.button == 1 and status == 1:
                status = 0
    if status == 1:#状态是1就继续播放
        pygame.mixer.music.unpause()#继续播放
        screen.fill((0,255,0))#背景色，下面是画实心圆圈
        pygame.draw.circle(screen,(255,0,0),(60,60),50)
    if status == 0:
        pygame.mixer.music.pause()
        screen.fill((255,0,0))
        pygame.draw.circle(screen,(0,255,0),(60,60),50)
    #↓假进度条
    pygame.draw.line(screen,(0,0,255),(120,80),(350,80),10)
    pygame.display.update()
```

本章作业

作业：

　　面向对象的思想很重要，难度也比较大，注意理解，后面会大量使用。

扫描二维码下载
示例代码

pygame 接球游戏

本章课程目录：

13.1 游戏介绍

```
PS C:\Users\maiku\Desktop\sample> python .\sample.py
pygame 1.9.6
Hello from the pygame community. https://www.pygame.org/contribute.html
Game Over: 8
```

　　白色小球随机从上方位置出现并垂直下落，通过接杆接住小球积一分，接杆由鼠标左、右键控制，进行左右移动，积分分数会显示在终端命令行中。

13.2 接球游戏—小球

> 说明：
>
> ① 新建文件夹、文件，先导入需要用到的库。
>
> ② 基础的元素创建，先不考虑逻辑。先将最需要的元素参数给定出来，方便后面调用。

```python
import pygame
import sys
import random
from pygame.locals import *
```

```python
# 背景色
BLACK = (0, 0, 0)
# 素材色
WHITE = (255, 255, 255)
# 屏幕大小
bg_color = (0, 0, 70)
# 屏幕大小
SCREEN_SIZE = [320, 400]
# 接杆长度大小
BAR_SIZE = [20, 5]
# 球大小
BALL_SIZE = [15, 15]
```

> 说明：
>
> ③ 创建一个游戏类，用来编写这个游戏的各模块逻辑。先在初始化属性部分写上窗口信息等内容，然后在类的外面写创建实例并调用。

```python
# 游戏类
class Game(object):
    def __init__(self):
        pygame.init()
        self.clock = pygame.time.Clock()#定义时间，用于帧数
        self.screen = pygame.display.set_mode(SCREEN_SIZE)
        pygame.display.set_caption('接球小游戏')
```

说明：

④ 有了游戏界面就开始写游戏控制，这里用到了方法 pygame. mouse.set_visible() 来将鼠标设置为不显示（注意这些内容都还在类当中，都要缩进，def 函数也是保持缩进的）。

```python
# 游戏开始主控制
def run(self):
    # 隐藏鼠标光标
    pygame.mouse.set_visible(0)
    while True:
        for event in pygame.event.get():
            if event.type == QUIT:
                pygame.quit()
                sys.exit()
```

```python
while True:
    for event in pygame.event.get():
        if event.type == QUIT:
            pygame.quit()
            sys.exit()
    # 画一个小球的矩形形状 控制小球的速度
    # bottom向下移动 移动速度为设定速度*3的速度
    self.ball_pos.bottom += self.ball_dir_y * 3
    pygame.draw.rect(self.screen, WHITE, self.ball_pos)
    pygame.display.update()
    self.clock.tick(60)
```

说明：

⑤ 现在将小球绘制在屏幕上并实时刷新界面，同时给定刷新时间。

说明：

⑥ 在属性中定义小球初始位置等，并在绘制小球前填充背景，运行时就能实现小球的滑落。

```
pygame.display.set_caption('接球小游戏')

# 定义球出现的位置
# 小球的x轴位置为 153
self.ball_pos_x = SCREEN_SIZE[0] // 2 - BALL_SIZE[0] // 2
# 小球y轴位置从0开始
self.ball_pos_y = 0
# 小球y轴开始移动速度为1
self.ball_dir_y = 1
# 存储或操作矩形区域可以从 left, top, width和height值的组合创建Rect
# 小球矩形放在 x轴160 y轴 0 的位置 绘制小球大小15，15
self.ball_pos = pygame.Rect(self.ball_pos_x, self.ball_pos_y,
BALL_SIZE[0], BALL_SIZE[1])
# 计数
self.score = 0
```

```
# 背景填充
self.screen.fill(bg_color)
self.bar_pos.left = self.bar_pos_x
pygame.draw.rect(self.screen, WHITE, self.bar_pos)

# 画一个小球的矩形形状 控制小球的速度
# bottom向下移动 移动速度为设定速度*3的速度
self.ball_pos.bottom += self.ball_dir_y * 3
pygame.draw.rect(self.screen, WHITE, self.ball_pos)
```

13.3 接球游戏—接杆

说明：
⑦ 在属性中将接杆创建出来。给定它的起始位置在小球下落的正下方，在背景填充后绘制接杆。

```python
# 接杆初始位置 153
        self.bar_pos_x = SCREEN_SIZE[0] // 2 - BAR_SIZE[0] // 2

# 存储或操作矩形区域可以从left、top、width和height值的组合创建Rect
        # 将接杆放在x轴160 y轴400 接杆高度5 的位置，给定接杆大小
        self.bar_pos = pygame.Rect(self.bar_pos_x, SCREEN_SIZE[1]-
BAR_SIZE[1], BAR_SIZE[0], BAR_SIZE[1])
        # self.bar_pos_x = self.bar_pos_x + 2
```

```python
# 背景填充
self.screen.fill(bg_color)
self.bar_pos.left = self.bar_pos_x
pygame.draw.rect(self.screen, WHITE, self.bar_pos)

# 画一个小球的矩形形状 控制小球的速度
# bottom向下移动 移动速度为设定速度*3的速度
self.ball_pos.bottom += self.ball_dir_y * 3
pygame.draw.rect(self.screen, WHITE, self.ball_pos)
```

说明：
⑧ 继续在类当中编写接杆移动的函数。

```python
# 接杆向左移动
    def bar_move_left(self):
        self.bar_pos_x = self.bar_pos_x - 2
# 接杆向右移动
    def bar_move_right(self):
        self.bar_pos_x = self.bar_pos_x + 2
```

说明：
⑨ 编写接杆运动逻辑，用变量记录是否要运动。

```python
def run(self):
    # 隐藏鼠标光标
    pygame.mouse.set_visible(0)
    # 杆向左右移动
    bar_move_left = False
    bar_move_right = False
    while True:
        for event in pygame.event.get():
            if event.type == QUIT:
                pygame.quit()
                sys.exit()
            elif event.type == pygame.MOUSEBUTTONDOWN and event.button == 1:
                bar_move_left = True
            elif event.type == pygame.MOUSEBUTTONUP and event.button == 1:
                bar_move_left = False
            elif event.type == pygame.MOUSEBUTTONDOWN and event.button == 3:
                bar_move_right = True
            elif event.type == pygame.MOUSEBUTTONUP and event.button == 3:
                bar_move_right = False

        if bar_move_left == True and bar_move_right == False:
            self.bar_move_left()
        if bar_move_left == False and bar_move_right == True:
            self.bar_move_right()
```

说明：

⑩ 编写积分与归位。小球的底部距离小于或等于接杆的顶部，或者小球的左右两边与接杆两边碰撞时，都被认为是接到了小球，当接到小球的时候进行一个计数的操作，接到小球则加一，否则当接杆的顶部位置小于等于小球的底部并且左、右边没有碰触，则视为游戏结束返回计数的值。

```python
# 判断接杆是否接到了小球
        if self.bar_pos.top <= self.ball_pos.bottom and(
        self.bar_pos.left <= self.ball_pos.right and self.bar_pos.right >= self.ball_pos.left):
            self.score += 1
            print("Score:",self.score, end='\r')
        # 如果接到小球，小球将重新回到x轴随机的一个位置
            self.ball_pos_x = random.randint(0, SCREEN_SIZE[0] - BALL_SIZE[0])
            self.ball_pos_y = 0
            self.ball_pos = pygame.Rect(self.ball_pos_x, self.ball_pos_y, BALL_SIZE[0], BALL_SIZE[1])
        elif self.bar_pos.top <= self.ball_pos.bottom and(
            self.bar_pos.left > self.ball_pos.right or self.bar_pos.right < self.ball_pos.left):
            print("Game Over:",self.score)
            return self.score
```

扫描二维码下载
示例代码

14 pygame 弹球游戏

本章课程目录：

14.1 游戏介绍

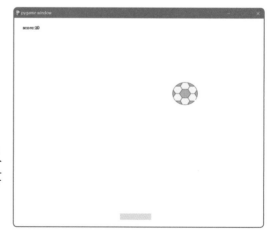

足球在画面中运动，遇到上、左、右以及接杆就会反弹，且接杆接住会积分，如果掉落到下面，则游戏结束。

14.2 弹球游戏—小球

说明：

　　① 新建文件夹、py 文件、图片文件，然后编写初步代码。

```python
import sys
import pygame
from pygame.locals import *

# 初始化pygame
pygame.init()
screen = pygame.display.set_mode([800, 700])

while True:
    for event in pygame.event.get():
        if event.type == pygame.QUIT:
            sys.exit()
    pygame.display.flip()
```

说明：

　　② 创建一个专门控制小球的类，用来给定小球的样式。得到小球的矩形选框，然后获得小球矩形选框的左侧与顶部的边缘，还有小球的移动速度。

```python
# 创建球类
class Myballclass(pygame.sprite.Sprite):
    # 给出图形速度并给定对应的值
    def __init__(self, image_file, speed, location):
        pygame.sprite.Sprite.__init__(self)
        self.image = pygame.image.load(image_file)
        self.image = pygame.transform.smoothscale(
self.image,(80,70))
        self.rect = self.image.get_rect()
        self.rect.left, self.rect.top = location
        self.speed = speed
```

说明：

　　③ 创建球类实例化对象，然后显示到屏幕上。

```python
# 球类给定值
myball = Myballclass(r'football.png', ball_speed, [10, 20])
# 刷新时间
time = 20
while True:
    for event in pygame.event.get():
        if event.type == pygame.QUIT:
            sys.exit()
    screen.blit(myball.image, myball.rect)
    pygame.display.flip()
```

说明：

　　④ 现在开始让球动起来并进行反弹。当小球移动到最边缘时速度取反（这部分写在球类中，另外通过 self 来表示类的属性）。

```python
# 球的移动
    def ball_move(self):
        self.rect = self.rect.move(self.speed)
        # 控制小球在游戏界面内
        if self.rect.left < 0 or self.rect.right > screen.
get_width():
            self.speed[0] = -self.speed[0]
        if self.rect.top <= 0:
            self.speed[1] = -self.speed[1]
```

说明：

⑤ 类里需要编写结束函数。仍然让小球不断移动，然后判断游戏结束，并对游戏结束时要显示的字进行处理。

```python
# 游戏结束
    def over(self):
        self.rect = self.rect.move(self.speed)

        # 当小球底部大于界面高度时判定游戏结束
        if self.rect.bottom > screen.get_height():

            # SysFount  从系统字体中创建一个font对象（字体样式，大小）
            font = pygame.font.SysFont('宋体', 40)

            # render  在新的surface上绘制文本（文本，抗锯齿，颜色，背景）
            text_surface = font.render(u"Game Over", True,(0, 0, 255))
            screen.blit(text_surface, (screen.get_width()//2, screen.get_height()//2))
            return 0
```

14.3 弹球游戏—接杆

说明：

⑥ 创建接杆，同样是将接杆作为一个类来进行创建，规定它的大小颜色以及矩形选框，并且获取矩形的左侧与顶部位置。

```python
class Mybraclass(pygame.sprite.Sprite):
    def __init__(self,location):
        pygame.sprite.Sprite.__init__(self)

        # 控制接杆的大小
        image_surface = pygame.Surface([100, 20])
        # 接杆颜色
        image_surface.fill([213, 213, 213])

        self.image = image_surface.convert()
        self.rect = self.image.get_rect()
        self.rect.left, self.rect.top = location
```

说明：

⑦ 实例化接杆对象，并显示到屏幕。

```python
# 球类给定值
myball = Myballclass(r'football.png', ball_speed, [10, 20])
mybar = Mybraclass([270, 600])
while True:
    for event in pygame.event.get():
        if event.type == pygame.QUIT:
            sys.exit()
    screen.fill([255, 255, 255])
    myball.ball_move()
    myball.over()
    screen.blit(myball.image, myball.rect)
    screen.blit(mybar.image, mybar.rect)
    pygame.display.flip()
```

说明：

⑧ 让接杆移动起来。要跟随鼠标移动，这里用到了鼠标事件中的 MOUSEMOTION，然后进行碰撞检测。在写碰撞之前，需要将要进行碰撞检测的元素放进一个组，当某个元素与组内元素发生碰撞时，则进行速度取反。

```python
# 将我的球类放入组中
ballgroup = pygame.sprite.Group(myball)
# # 刷新时间
time = 20
while True:
    for event in pygame.event.get():
        if event.type == pygame.QUIT:
            sys.exit()

        # 当鼠标滑过时将新建一个鼠标划过的事件并赋值给接杆的中心点
        if event.type == pygame.MOUSEMOTION:
            mybar.rect.centerx = event.pos[0]
        # 小球与接杆的碰撞检测
    if pygame.sprite.spritecollide(mybar, ballgroup, False):
        myball.speed[1] = -myball.speed[1]
```

说明：

⑨ 帧率、积分变量和分数显示。

```python
clock = pygame.time.Clock()

ball_speed = [4, -4]
score = 0
```

```python
# 小球与接杆的碰撞检测
if pygame.sprite.spritecollide(mybar, ballgroup, False):
    myball.speed[1] = -myball.speed[1]
    time = time+1
    score = score+10
clock.tick(time)

screen.fill([255, 255, 255])
font = pygame.font.SysFont('', 20)
text_surface = font.render(u"score:" + str(score), True, (0, 0, 255))
screen.blit(text_surface, (32, 24))
```

完整代码。

```python
import sys
import pygame
from pygame.locals import *

# 小球类
class Myballclass(pygame.sprite.Sprite):
    # 初始图片运动变化及运动代码
    def __init__(self, image_file, speed, location):
        pygame.sprite.Sprite.__init__(self)
        self.image = pygame.image.load(image_file)
        self.image = pygame.transform.smoothscale(self.image,(80,70))
        self.rect = self.image.get_rect()
        self.rect.left, self.rect.top = location
        self.speed = speed

    # 球的运动
    def ball_move(self):
        self.rect = self.rect.move(self.speed)
        # 检测小球是否超过边界
        if self.rect.left < 0 or self.rect.right > screen.get_width():
            self.speed[0] = -self.speed[0]
        if self.rect.top <= 0:
            self.speed[1] = -self.speed[1]

    # 游戏结束
    def over(self):
        self.rect = self.rect.move(self.speed)

        # 当小球位置大于小屏的高度时进行游戏结束
        if self.rect.bottom > screen.get_height():

            # SysFont 从系统字体中挑选一个font类型，字体样式，大小
            font = pygame.font.SysFont('宋体', 40)

            # render 在创建surface上绘制文本，文本内容，颜色，背景
            text_surface = font.render(u"Game Over", True,(0, 0, 255))
            screen.blit(text_surface, (screen.get_width()//2, screen.get_height()//2))
            return 0

class Mybraclass(pygame.sprite.Sprite):
    def __init__(self,location):
        pygame.sprite.Sprite.__init__(self)

        # 创建底下的长条
        image_surface = pygame.Surface([100, 20])
        # 填充颜色
        image_surface.fill([213, 213, 213])

        self.image = image_surface.convert()
        self.rect = self.image.get_rect()
        self.rect.left, self.rect.top = location

# 初始化pygame
pygame.init()
screen = pygame.display.set_mode([800, 700])
clock = pygame.time.Clock()

ball_speed = [4, -4]
score = 0

myball = Myballclass(r'football.png', ball_speed, [10, 20])
mybar = Mybraclass([270, 600])
# 找到主球进行碰撞
ballgroup = pygame.sprite.Group(myball)
# 主帧数设置
time = 20
while True:
    for event in pygame.event.get():
        if event.type == pygame.QUIT:
            sys.exit()
        # 监测鼠标事件，实现长条对鼠标的随着移动进行中心移动
        if event.type == pygame.MOUSEMOTION:
            mybar.rect.centerx = event.pos[0]
    # 小球和长条的碰撞检测
    if pygame.sprite.spritecollide(mybar, ballgroup, False):
        myball.speed[1] = -myball.speed[1]
        time = time+1
        score = score+10
    clock.tick(time)

    screen.fill([255, 255, 255])
    font = pygame.font.SysFont('', 20)
    text_surface = font.render(u"score:" + str(score), True, (0, 0, 255))
    screen.blit(text_surface, (32, 24))

    myball.ball_move()
    myball.over()
    screen.blit(myball.image, myball.rect)
    screen.blit(mybar.image, mybar.rect)
    pygame.display.flip()
```

扫描二维码下载
示例代码

15 pygame 打地鼠

本章课程目录：

15.1 游戏介绍

开始界面
单击 "Start" 进入游戏

游戏界面

游戏界面：地鼠被锤子打了之后，切换图片。

游戏音效：锤子挥下的音效。

背景音效：可自行载入音乐。

15.2 分步编写

① 游戏基础 - 最小·框架

写出游戏的最小框架。

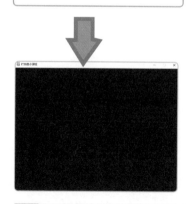

```python
from random import randint
import pygame
import sys
import pygame.freetype


def main():
    # 初始化
    pygame.init()
    pygame.mixer.init()
    size = width, height = 750, 550
    screen = pygame.display.set_mode(size)
    pygame.display.set_caption('打地鼠小游戏')
    # 定义fps
    fclock = pygame.time.Clock()
    fps = 30
    # 地鼠洞的坐标
    didong = [[190, 220], [375, 220], [575, 230], [160, 315], [380, 313], [578, 312], [156, 409]
    is_ok = False
    while not is_ok:
        for event in pygame.event.get():
            if event.type == pygame.QUIT:   # 点击X退出游戏
                sys.exit()

        pygame.display.update()
        fclock.tick(fps)


if __name__ == '__main__':
    main()
```

地洞已经测出，要求游戏场景为 (750, 550): didong = [[190, 220], [375, 220], [575, 230], [160, 315], [380, 313], [578, 312], [156, 409], [380, 415], [600, 416]]。

② 游戏界面 - 图片文字

引入游戏开始界面的图片、文字等，并绘制。

```python
pygame.init()
pygame.mixer.init()
size = width, height = 750, 550
screen = pygame.display.set_mode(size)
pygame.display.set_caption('打地鼠小游戏')
# 定义fps
fclock = pygame.time.Clock()
fps = 30
'''新添程序1 开始++++++++++++++++++++++++++++++++++++++++++'''
# 准备进入游戏界面
player_image1 = pygame.image.load(r'素材\player1.png').convert_alpha()
player_image2 = pygame.image.load(r'素材\player2.png').convert_alpha()
player_rect = player_image1.get_rect()
player_rect.center = (375, 375)
start_image = pygame.image.load(r'素材\start.png').convert_alpha()
start_rect = start_image.get_rect()
# 设置背景图和背景色
bg_image = pygame.image.load(r'素材\bg_canvas.png').convert_alpha()
bg_color = pygame.Color('white')
black = pygame.Color('black')
# 加载背景音乐和音效
pygame.mixer.music.load(r'素材\game_music.ogg')
pygame.mixer.music.set_volume(0.3)
pygame.mixer.music.play(-1)
hit_music = pygame.mixer.Sound(r'素材\hit.ogg')
# 字体设置
font = pygame.freetype.Font('C://Windows//Fonts//msyh.ttc')
font_color = pygame.Color('red')   # 记录分数的字咧
# 打地鼠小游戏的字体
font_surf, font_rect = font.render('打地鼠小游戏', fgcolor=pygame.Color('green'), size=75)
font_rect.center = (375, 100)
'''新添程序1 结束++++++++++++++++++++++++++++++++++++++++++'''
```

③ 游戏界面 - 加载素材

更改原有框架上的部分内容，判断鼠标是否在开始按钮上，如果在，就改变按钮颜色，如果按钮被按下，则更改循环状态，绘制开始游戏界面的文字与图片。

```python
42  didong = [[190, 220], [375, 220], [575, 230], [160, 315], [380, 313], [578, 312], [156, 409], [380, 415
43  is_ok = False
44  while not is_ok:
45      '''新添程序2 修改程序 开始+++++++++++++++++++++++++++++++++++
46      for event in pygame.event.get():
47          screen.fill(black)
48          x, y = pygame.mouse.get_pos()
49          if event.type == pygame.QUIT:  # 点击x退出游戏
50              sys.exit()
51          # 鼠标移动到按钮上,会改变颜色
52          if player_rect.left <= x <= player_rect.right and \
53                  player_rect.top <= y <= player_rect.bottom:
54              screen.blit(player_image2, player_rect)
55          else:
56              screen.blit(player_image1, player_rect)
57          if event.type == pygame.MOUSEBUTTONDOWN:
58              if event.button == 1 and player_rect.left <= x <= player_rect.right and \
59                      player_rect.top <= y <= player_rect.bottom:
60                  is_ok = True
61      # 绘制开始界面的东西
62      screen.blit(font_surf, font_rect)
63      start_rect.center = (375, 250)
64      screen.blit(start_image, start_rect)
65      pygame.display.update()
66      fclock.tick(fps)
67      '''新添程序2  结束+++++++++++++++++++++++++++++++++++++++++'''
68
69  if __name__ == '__main__':
70      main()
```

④ 进入游戏 - 游戏背景

进入游戏，开始游戏循环，绘制游戏背景。

```
43      while not is_ok:
44          for event in pygame.event.get():
45              screen.fill(black)
46              x, y = pygame.mouse.get_pos()
47              if event.type == pygame.QUIT:    # 点击X退出游戏
48                  sys.exit()
49              #将鼠标移动到按钮上,会改变颜色
50              if player_rect.left <= x <= player_rect.right and \
51                  player_rect.top <= y <= player_rect.bottom:
52                  screen.blit(player_image2, player_rect)
53              else:
54                  screen.blit(player_image1, player_rect)
55              if event.type == pygame.MOUSEBUTTONDOWN:
56                  if event.button == 1 and player_rect.left <= x <= player_rect.right and \
57                      player_rect.top <= y <= player_rect.bottom:
58                      is_ok = True
59          # 绘制开始界面的东西
60          screen.blit(font_surf, font_rect)
61          start_rect.center = (375, 250)
62          screen.blit(start_image, start_rect)
63          pygame.display.update()
64          fclock.tick(fps)
65  # ```新添程序1 开始++++++++++++++++++++++++++++++++++++++++++++++```
66      # 鼠标箭头不可见
67      pygame.mouse.set_visible(False)
68      # 进入刷新循环
69      while True:
70          # 处理事件
71          for event in pygame.event.get():
72              if event.type == pygame.QUIT:
73                  sys.exit()
74          while True:
75              # 填充背景色和背景图片
76              screen.fill(bg_color)
77              screen.blit(bg_image, (0,0))
78
79              # 处理事件
80              for event in pygame.event.get():
81                  if event.type == pygame.QUIT:
82                      sys.exit()
83              # 屏幕刷新和设置fps
84              pygame.display.update()
85              fclock.tick(fps)
86  # ```新添程序1 结束++++++++++++++++++++++++++++++++++++++++++++++```
87  if __name__ == '__main__':
88      main()
```

⑤ 游戏实现 - 锤子类

编写锤子类，编写锤子基本功能，并实例化调用。

```python
from random import randint
import pygame
import sys
import pygame.freetype

class Chuizi(pygame.sprite.Sprite):
    """锤子类"""
    def __init__(self, image):
        super(Chuizi, self).__init__()
        self.image = pygame.image.load(image).convert_alpha()  # 正常情况下
        self.image2 = pygame.transform.rotozoom(self.image, 45, 1)  # 鼠标按下
        self.rect = self.image.get_rect()
        self.rect2 = self.image2.get_rect()
        self.clicked = False

'''新添程序1 开始++++++++++++++++++++++++++++++++++++++++++++++++'''
```

```python
screen = pygame.display.set_mode(size)
pygame.display.set_caption('打地鼠小游戏')
chuizi = Chuizi(r'素材\chuizi.png')
```

⑥ 游戏实现 - 单击事件

渲染锤子，并判断鼠标事件改变锤子状态。

```
82      pygame.mouse.set_visible(False)
83      # 进入刷新循环
84      while True:
85          # 处理事件
86          for event in pygame.event.get():
87              if event.type == pygame.QUIT:
88                  sys.exit()
89          while True:
90              # 填充背景色和背景图片
91              screen.fill(bg_color)
92              screen.blit(bg_image, (0,0))
93
94              # 处理事件
95              for event in pygame.event.get():
96                  if event.type == pygame.QUIT:
97                      sys.exit()
98                  # '''新添程序4 开始++++++++++++++++++++++++++++++'''
99                  # 鼠标按下事件
100                 elif event.type == pygame.MOUSEBUTTONDOWN:
101                     chuizi.clicked = True  # 改变锤子的状态
102                     hit_music.play()  # 锤子音效
103                 # 鼠标按键弹起事件
104                 elif event.type == pygame.MOUSEBUTTONUP:
105                     chuizi.clicked = False
106             # 渲染锤子
107             if chuizi.clicked:
108                 chuizi.rect2.center = pygame.mouse.get_pos()
109                 screen.blit(chuizi.image2, chuizi.rect2)
110             else:
111                 chuizi.rect.center = pygame.mouse.get_pos()
112                 screen.blit(chuizi.image, chuizi.rect)
113                 # '''新添程序4 结束++++++++++++++++++++++++++++++'''
114             # 屏幕刷新和设置fps
115             pygame.display.update()
116             fclock.tick(fps)
117     # '''新添程序1 结束++++++++++++++++++++++++++++++++++++++++'''
118 if __name__ == '__main__':
119     main()
```

⑦ 游戏实现 - 地鼠类

```
6   class Chuizi(pygame.sprite.Sprite):
7       """锤子类"""
8       def __init__(self, image):
9           super(Chuizi, self).__init__()
10          self.image = pygame.image.load(image).convert_alpha()  # 正常情况下
11          self.image2 = pygame.transform.rotozoom(self.image, 45, 1)  # 鼠标按下
12          self.rect = self.image.get_rect()
13          self.rect2 = self.image2.get_rect()
14          self.clicked = False
15
16  '''新添程序1 开始++++++++++++++++++++++++++++++++++++++++'''
17  class Dishu_yes(pygame.sprite.Sprite):
18      """正常的地鼠"""
19      def __init__(self, image):
20          super(Dishu_yes, self).__init__()
21          self.image = pygame.image.load(image).convert_alpha()
22          self.rect = self.image.get_rect()
23          # 是否被锤子打中
24          self.clicked = False
25
26
27  class Dishu_no(pygame.sprite.Sprite):
28      """被锤了的老鼠"""
29      def __init__(self, image):
30          super(Dishu_no, self).__init__()
31          self.image = pygame.image.load(image).convert_alpha()
32          self.rect = self.image.get_rect()
33  '''新添程序1 结束++++++++++++++++++++++++++++++++++++++++'''
```

定义地鼠类，分别为原始地鼠与被敲打后的地鼠。

⑧ 游戏实现 - 地鼠位置

实例化地鼠类，随机地鼠出现的位置坐标。

```
66    # 打地鼠小游戏的字体
67    font_surf, font_rect = font.render('打地鼠小游戏', fgcolor=pygame.Color('green'), size=75)
68    font_rect.center = (375, 100)
69    # """新添程序2 开始+++++++++++++++++++++++++++++++++++++++++++++++++++"""
70    # 实例化地鼠和分数
71    dishu1 = Dishu_yes(r'素材\dishu1-1.png')
72    dishu2 = Dishu_no(r'素材\dishu1-2.png')
73    bianhua = 0
74    fenshu = 0
75    # 地鼠洞的坐标
76    didong = [[190, 220], [375, 220], [575, 230], [160, 315], [380, 313], [578, 312], [156, 409], [380, 415], [600, 416]]
77    # 随机地鼠的位置
78    point = didong[randint(0, 8)]
79    dishu1.rect.center = point
80    # """新添程序2 结束+++++++++++++++++++++++++++++++++++++++++++++++++++"""
81    is_ok = False
```

⑨ 游戏实现 - 地鼠出现

随机地洞坐标，渲染地鼠以及地鼠被打后的造型切换。

```
        # 鼠标按键弹起事件
        elif event.type == pygame.MOUSEBUTTONUP:
            chuizi.clicked = False
# """新添程序3 开始+++++++++++++++++++++++++++++++++++++++++++++++++++"""
# 随机地洞的坐标渲染地鼠
if dishu1.clicked:
    dishu2.rect.center = (point[0]+3, point[1]+16)
    screen.blit(dishu2.image, dishu2.rect)
    if bianhua > 15:    # 等待被打到地鼠切换造型
        point = didong[randint(0, 8)]
        dishu1.rect.center = point
        dishu1.clicked = False
        bianhua = 0
    # 随机地鼠的位置
    bianhua += 1
else:
    screen.blit(dishu1.image, dishu1.rect)
# """新添程序3 结束+++++++++++++++++++++++++++++++++++++++++++++++++++"""
# 渲染锤子
if chuizi.clicked:
    chuizi.rect2.center = pygame.mouse.get_pos()
    screen.blit(chuizi.image2, chuizi.rect2)
else:
    chuizi.rect.center = pygame.mouse.get_pos()
    screen.blit(chuizi.image, chuizi.rect)
```

⑩ 游戏实现 - 地鼠被打

判断地鼠是否被打到。

```
118        # 处理事件
119        for event in pygame.event.get():
120            if event.type == pygame.QUIT:
121                sys.exit()
122            # 鼠标按下事件
123            elif event.type == pygame.MOUSEBUTTONDOWN:
124                chuizi.clicked = True  # 改变锤子的状态
125                hit_music.play()  # 锤子音效
126                # """新添程序4 开始++++++++++++++++++++++++++++++++++++++++++"""
127                # 判断是不是打到了地鼠
128                if dishu1.rect.left <= chuizi.rect.left <= dishu1.rect.right and \
129                dishu1.rect.top <= chuizi.rect.bottom <= dishu1.rect.bottom:
130                    fenshu += 1
131                    dishu1.clicked = True
132                # """新添程序4 结束++++++++++++++++++++++++++++++++++++++++++"""
133            # 鼠标按键弹起事件
134            elif event.type == pygame.MOUSEBUTTONUP:
135                chuizi.clicked = False
136        # """新添程序3 开始++++++++++++++++++++++++++++++++++++++++++"""
```

⑪ 游戏实现 - 地鼠被打

绘制游戏分数。

```
157              screen.blit(chuizi.image, chuizi.rect)
158     # """新添程序5 开始+++++++++++++++++++++++++++++++++++++++++++++++"""
159     # 渲染字体和分数
160     font_surf, font_rect = font.render('分数:'+str(fenshu), fgcolor=font_color, size=35)
161     font_rect.center = (650, 30)
162     screen.blit(font_surf, font_rect)
163     # """新添程序5 结束+++++++++++++++++++++++++++++++++++++++++++++++"""
164     # 屏幕刷新和设置fps
165     pygame.display.update()
166     fclock.tick(fps)
167 if __name__ == '__main__':
168     main()
```

扫描二维码下载
示例代码

游戏 2048

本章课程目录:

16.1 游戏 2048 介绍

　　游戏界面: 由上、下两部分组成, 上面的方形区域是方块显示区; 下面的区域是分数显示区。

游戏界面：如果游戏失败了，直接输出：You Failed，成功了输出：You Win。

You Failed

16.2 游戏 2048 分析

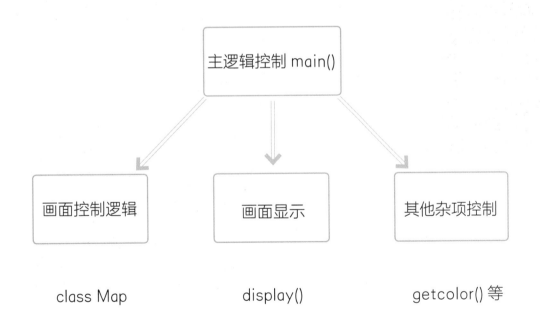

主逻辑控制 main()

画面控制逻辑

画面显示

其他杂项控制

class Map

display()

getcolor() 等

16.3 游戏 2048 编程

① 最小·框架

写出游戏的最小框架。

```
1   #引入各种模块-------------------
2   import pygame,time,sys
3   from pygame.locals import *
4   import threading       #多线程模块
5
6   #定义常量，存储界面尺寸-------------------
7   SIZE = 4      #2048是4*4的小格，所以尺寸为4
8   LENGTH = 130#每个小格，边长长度为130
9   SCORE_HEIGHT = 130#计分区所占高度为130
10
11  #定义主逻辑-------------------
12  def main():
13      pygame.init()#初始化界面
14      screen = pygame.display.set_mode((LENGTH*SIZE,LENGTH*SIZE+SCORE_HEIGHT))#设置屏幕尺寸
15      pygame.display.set_caption("2048")   #设置窗体标题
16      clock = pygame.time.Clock()#用于控制帧率
17      while True:
18          #检测是否退出
19          clock.tick(5)#控制帧率为5
20          for event in pygame.event.get():
21              if event.type == QUIT:
22                  pygame.quit()
23                  sys.exit()
24
25
26  #调用主要逻辑-------------------
27  if __name__ == "__main__":
28      main()
29  #-------------------
```

② 游戏方块 - 定义颜色

定义一些需要使用的颜色。用于背景色、字体颜色、方块颜色等。

```
6    #定义常量，存储界面尺寸----------------------------
7    SIZE = 4    #2048是4*4的小格，所以尺寸为4
8    LENGTH = 130#每个小格，边长长度为130
9    SCORE_HEIGHT = 130#计分区所占高度为130
10
11   #第1次添加程序开始----------------------------------
12   #用元组定义背景颜色和每个数字对应的方块颜色--------
13   DEFAULT=(205, 193, 180) #背景颜色
14   C_FONT=(120, 111, 102)  #字体颜色
15   C_2=(238, 228, 218)     #数字2方块色
16   C_4=(237, 224, 200)     #以下都是对应的方块色
17   C_8=(242, 177, 121)     #全部采用RGB颜色混合
18   C_16=(245, 149, 99)
19   C_32=(246, 124, 95)
20   C_64=(246, 94, 59)
21   C_128=(237, 207, 114)
22   C_256=(237, 204, 98)
23   C_512=(237, 200, 80)
24   C_1024=(237, 197, 63)
25   C_2048=(225, 187, 0)
26   #第1次添加程序结束----------------------------------
27
28   #定义主逻辑----------------------------------------
29   def main():
```

③ 游戏方块 - 获取颜色

　　新建一个函数，用来获取对应数字的方块颜色：get_color()。此处利用到了二进制数右移，用来计算输入的 n 是 2 到 2048 中的第几个数。

```
26    #第1次添加程序结束----------------------------------------
27
28    #第2次添加程序开始----------------------------------------
29    #定义一个函数，用来选取对应数字的颜色--------------
30    def get_color(n):#参数是数字n，依靠n来选取对应颜色
31        n_t=0#设定一个变量，用来确定颜色列表的第几个位置
32        for i in range(1,12):#因为2到2048一共11个数字
33                            #所以range(1,12)
34            if n>>i==1:#因为2到2048这几个数字全是2的次方
35                            #所以利用二进制右移，移1次变成1的话
36                            #说明是第一个数字，也就是2
37                n_t=i    #以此类推，移几次表示是第几个数字
38        #接下来定义一个列表，按顺序把背景色、数字色、字体色放进去（第一个是背景色，最后一个是字体）
39        color=[DEFAULT,C_2,C_4,C_8,C_16,C_32,C_64,C_128,C_256,C_512,C_1024,C_2048,C_FONT]
40        return color[n_t]    #根据前面的计算结果，从列表里取出对应的方块色
41    #第2次添加程序结束----------------------------------------
42
43    #定义主逻辑----------------------------------------
```

④ 游戏显示 - 类

　　a：新建一个类，用于画面逻辑控制。先进行初始化。

```
40        return color[n_t]    #根据前面的计算结果，从列表里取出对应的方块色
41    #第2次添加程序结束----------------------------------------
42
43    #第3次添加程序开始----------------------------------------
44    #定义一个类，用于画面内容控制----------------------------------------
45    class Map:#这个类取名叫Map（注意首字母大写），表示整个画面内的内容
46        def __init__(self,size):#初始化函数，参数是方格的尺寸
47            self.size = size    #把传入的参数，给类的size变量
48            #接下来创建一个二维数组，这里使用了列表生成式，第一个[0 for i in range(size)]
49            #表示创建一个有四个元素（size我们之前定义了4）的列表，里面的每一个元素都是0
50            #第二个以此参考，就是再创建一个4元素列表，每个元素都是刚才创建的第一个列表
51            #这样的话，就形成了4*4二维数组，每个数值都是0（如果看不懂，可以用循环嵌套创建）
52            self.map=[[0 for i in range(size)] for i in range(size)]
53            self.score = 0       #创建用于计分的变量
54            self.is_move = 0     #创建用于判断是否移动的变量
55            self.add()           #随机添加一个数字2或4，这个add函数随后就定义
56            self.add()           #再添加一个，因为起始的时候应该有两个数字
```

b：然后添加随机生成功能。

```
56          self.add()          #再添加一个，因为起始的时候应该有两个数字
57  def add(self):#定义一个添加函数，专门用来随机添加数字2和4
58      #注意，在前面引入random模块，因为马上要用随机功能
59      while True:#在没有成功随机出数字之前，应该一直循环，所以True
60          pos = random.randint(0,self.size*self.size-1)  #0-15（含15）中随机出一个数
61                                                          #因为4*4=16
62          flag = self.map[pos//self.size][pos%self.size]  #取得这个数字对应位置的数值
63          #这里是4*4个格子，第一个//地板除，取得整除的整数部分，表示第几排，第二个取余%
64          #表示取得整除之后的余数，也就是那一排的第几个（这个比较绕，好好画一下想想）
65          if flag == 0:#如果这个位置的数是0，那说明这个位置可以给新数，不然就要再循环
66              num = random.randint(0,3)#0-3中随机出一个数，用来决定要添加2还是4
67              n=2#默认新数是2
68              if num == 0:#如果出现的随机数是0（概率4分之1），那就添加4
69                  n=4
70              self.map[pos//self.size][pos%self.size]=n#把新数给这个位置
71              self.score+=n#每次生成都要加对应的分数
72              break#完成之后就可以中断循环了
73  #第3次添加程序结束------------------------------
```

⑤ 游戏显示 - 显示函数

添加一个函数，用来控制显示。

```
#第3次添加程序结束------------------------------
#第4次添加程序开始------------------------------
#定义一个显示函数
def display(map,screen):#参数是我们定义的画面类实例和屏幕信息
    block_font=pygame.font.Font(None,86)#设定方块上的数字字体和大小
    score_font=pygame.font.Font(None,86)#分数字体和大小
    screen.fill(DEFAULT)#使用默认颜色填充屏幕
    for i in range(map.size):#使用循环嵌套来访问每一个位置的数值
        for j in range(map.size):
            block = pygame.Surface((LENGTH,LENGTH))#定义方块表面
            block.fill(get_color(map.map[i][j]))#调用函数获取对应颜色
            #接下来定义字体位置、表面、外接矩形等信息
            font_surf=block_font.render(str(map.map[i][j]),True,C_FONT)
            #这里因为要显示文字，是字符串，所以要str转换一下
            font_rect=font_surf.get_rect()
            font_rect.center=(j*LENGTH+LENGTH/2,LENGTH*i+LENGTH/2)
            #方块的中心坐标注意除以2
            screen.blit(block,(j*LENGTH,i*LENGTH))#显示对应方块
            if map.map[i][j]!=0:#如果对应位置不是0，那么应该显示数字
                screen.blit(font_surf,font_rect)#把对应数字放这里
    #上面循环嵌套已经显示完4*4所有方格，下面来显示分数
    score_surf=score_font.render('score:'+str(map.score),True,C_FONT)
    score_rect = score_surf.get_rect()
    score_rect.center=(LENGTH*SIZE/2,LENGTH*SIZE+SCORE_HEIGHT/2)
    screen.blit(score_surf,score_rect)
    pygame.display.update()#设定完毕，更新画面
#第4次添加程序结束------------------------------
```

⑥ 游戏显示 - 调用函数

在 main() 函数中，设置 map 实例，并调用显示函数。

```
106    pygame.display.set_caption( 2048 )  #设置窗体标题
107    clock = pygame.time.Clock()#用于控制帧率
108    #第5次添加程序开始-------------------------------
109    #创建map实例，并调用显示
110    map = Map(SIZE)#初始化实例，用之前定义的尺寸常量
111    display(map,screen)#调用显示函数，参数就是上面创建的
112    #第5次添加程序结束-------------------------------
113    while True:
114        #检测是否退出
```

⑦ 进入游戏 - 运行一下

现在直接运行，可以看到一个初始状态下的界面。

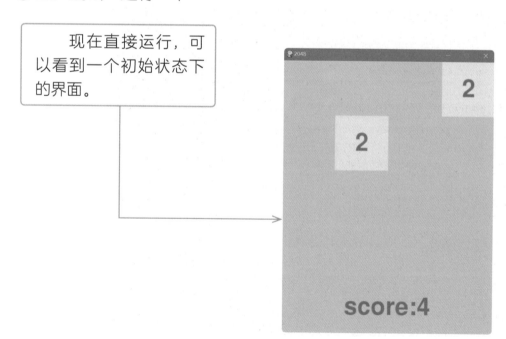

⑧ 游戏 2048- 游戏结束判定

在 Map 类中编写判定游戏失败的函数。

```
73    #第3次添加程序结束----------------------------------
74
75    #第6次添加程序开始，注意缩进，这部分仍然属于上面的Map类--------
76    #添加一个判定失败的函数，注意缩进--------------------------
77        def failed(self):
78            for i in self.map:#利用循环嵌套来访问每一个元素
79                for j in i:#只要有0，说明还有空位，就不算失败
80                    if j==0:
81                        return False#false表示没有失败，true表示失败了
82            for i in range(0,self.size):#还有一种情况，就是虽然填满了
83                for j in range(0,self.size):#但是还有相邻位置可合成
84                    #这种需要多个条件结合判断，上下左右相邻的两个能不能合成
85                    #这里面的i-1、j-1等只是为了防止访问超出，不要超出最外层
86                    if (i-1>=0 and self.map[i][j]==self.map[i-1][j])\
87                        or (j-1>=0 and self.map[i][j]==self.map[i][j-1])\
88                        or (i+1<self.size and self.map[i][j]==self.map[i+1][j])\
89                        or (j+1<self.size and self.map[i][j]==self.map[i][j+1]):
90                        return False
91            return True#如果上面两种情况都没出现，那就返回true，表示游戏失败
92    #第6次添加程序结束----------------------------------
```

⑨ 游戏 2048- 特定数字检测

编写检测特定数字的函数，可以用来检测游戏成功（如出现 2048 就算胜利）。

```
92    #第6次添加程序结束----------------------------------
93
94    #第7次添加程序开始，注意缩进，这部分仍然属于上面的Map类--------
95    #添加一个检测某个数字存不存在的函数，注意缩进------------------
96        def check(self,num):#参数是你需要检测的数字，num
97            for i in self.map:#还是通过嵌套访问每一个数字
98                for j in i:
99                    if j==num:#如果有相等的，说明这个数字存在
100                       return True#那么返回true
101            return False#不存在就返回false
102    #第7次添加程序结束----------------------------------
103
```

⑩ 游戏 2048- 向左移动

定义一个函数，用来让整个数字方阵向左移动。

```
104 #第8次添加程序开始，注意缩进，这部分仍然属于上面的Map类----------------
105 #添加一个让整个数字方阵往左移动的函数，注意缩进--------------------
106     def move_to_left(self):
107         changed=False#每次移动完之后，更新是否移动，默认是不移动
108         for a in self.map:#利用循环，取出每一行，存入a
109             b = []#新建一个空列表，用于临时存合成后的
110             last=0#新建一个变量，用来存上一个元素，这样才好比较
111             for v in a:#从每一行里面读取每一个元素，开始判断
112                 if v!=0:#如果这个元素不是0，就添加到b中
113                     if v!=last:#如果读取的数和上一个元素不等
114                         b.append(v)#那么将v添入b列表，这个是不可合成的
115                         last=v#然后更新last，用于下一次合成判断
116                     else:#否则的话，就说明v和last相等，可以合成
117                         b.append(b.pop()*2)#这时直接让b的最后弹出一个并*2
118                         last=0#更新last，已经合成了，所以这个位置应该变成0
119             b+=[0]*(self.size-len(b))#合成完之后，在末尾添加0，凑足4个元素
120             for i in range(0,self.size):#每次合成完毕之后，检查和原来的是否相同
121                 if a[i]!=b[i]:   #如果和原来的不同，说明移动成功
122                     changed = True#只要有一行移动成功，说明左移成功，返回true
123             a[:]=b#每一行移动完毕后，把移动后的b列表传给原来的a列表，进行替换
124         return changed#所有行都移动完毕之后，返回移动是否成功的结果
```

⑪ 游戏 2048- 角度翻转

定义一个函数，用于顺时针 90° 翻转整个方阵。因为我们希望所有方向的移动，最后都可以被转换成左移，这样能简化移动方式。在这种情况下，每次移动，都可以看作是"先翻转方阵，然后进行左移，最后转回原本的方向"这种模式）。

其实顺时针转，就是把竖排变横排，再反序排好（比如1、4、7，就是第一竖排变成反序第一横排）。

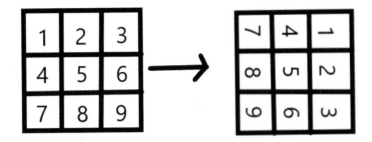

定义一个函数，用于顺时针 90° 翻转整个方阵，此处直接使用列表生成式，按刚才的思路读出原来的数值进行重新排列。

```
124    #第8次添加程序结束------------------------------------------------
125
126    #第9次添加程序开始，注意缩进，这部分仍然属于上面的Map类---------------
127    #添加一个让整个数字方阵顺时针90度的函数，注意缩进----------------------
128        def change(self):
129            #顺时针旋转90度，就是用reversed倒序访问每一排，然后每j个排出来，看图理解好一点
130            self.map=[[self.map[i][j] for i in reversed(range(self.size))] for j in range(self.size)]
131    #第9次添加程序结束------------------------------------------------
132
```

⑫ 游戏 2048- 各方向移动

有了左移和旋转，就可以实现各方向移动了（下面会以上移为例）。

先让方阵顺时针旋转 3 次，然后左移，就相当于上移完毕，可对照上面的九宫格思考，然后顺时针旋转一次，就移回了原来的方向。

按刚才的思路来定义四个方向的函数（以上移为例，其他类似）。

```python
131  #第9次添加程序结束-------------------------------------
132
133  #第10次添加程序开始，注意缩进，这部分仍然属于上面的Map类-------
134  #添加四个上下左右移动方块的函数，注意缩进------------------
135      def move_left(self):    #左移不需要旋转，只要能移，就直接移
136          if self.move_to_left():#判断能不能移
137              self.is_move=1#能移就标记为移动了
138              self.add()  #移动完毕之后需要添加一个数
139      def move_up(self):#上移，就比左移多了旋转操作，先顺时针3次
140          self.change()
141          self.change()
142          self.change()
143          if self.move_to_left():#然后和左移一样，合并
144              self.is_move=1
145              self.add()
146          self.change()#完事再移一次就恢复了，其他方向都类似了
147      def move_right(self):#右移，先旋转两次，移动后再旋转两次
148          self.change()
```

按刚才的思路来定义剩余几个方向的函数。

⑬

```python
147          self.change()#完事再移一次就恢复了，其他方向都类似了
148      def move_right(self):#右移，先旋转两次，移动后再旋转两次
149          self.change()
150          self.change()
151          if self.move_to_left():#然后和左移一样，合并
152              self.is_move=1
153              self.add()
154          self.change()
155          self.change()
156      def move_down(self):
157          self.change()
158          if self.move_to_left():#然后和左移一样，合并
159              self.is_move=1
160              self.add()
161          self.change()
162          self.change()
163          self.change()
164  #第10次添加程序结束-------------------------------------
```

⑭ 游戏 2048- 键盘检测

在主要逻辑中，加入键盘检测内容。

```
206      #第11次添加程序开始------
207      #添加键盘检测相关内容------
208      while not map.failed():#如果没有失败，就一直检测键盘
209          for event in pygame.event.get():#获取事件情况
210              if event.type==QUIT:#处理退出情况
211                  pygame.quit()
212                  sys.exit()
213              elif event.type==KEYDOWN:#键盘按下的话，准备判断
214                  keys=pygame.key.get_pressed()#获取键值
215                  map.is_move=0#记录是否移动
216                  if keys[K_UP]:#如果是上键
217                      map.move_up()#就调用上移函数
218                  elif keys[K_DOWN]:#之后的都类似
219                      map.move_down()
220                  elif keys[K_RIGHT]:
221                      map.move_right()
222                  elif keys[K_LEFT]:
223                      map.move_left()
224              elif event.type==KEYUP:#按键松开之后，就更新画面，使用子线程来更新
225                  t=threading.Thread(target=display,args=(map,screen))
226                  #创建一个线程，目标函数是显示，参数是map和screen信息，可回看上次课
227                  t.setDaemon(True)#设置线程
228                  t.start()#开始执行
229          if map.is_move==1:#每次键盘检测结束后，都判断是否移动了
230              if map.check(2048):#如果移动了，检测有没有2048出现
231                  break#出现了说明游戏结束，赢了，循环终止
232          time.sleep(0.01)#每次判定完毕，留一点时间让画面刷新
233      #第11次添加程序结束------
```

⑮ 游戏完善 - 胜负处理

在主逻辑中加入胜负情况的处理。

```
233      #第11次添加程序结束------
234
235      #第12次添加程序开始------
236      #胜负情况显示处理------
237      result = 'You Failed!'#默认情况下，上面循环结束，游戏失败了
238      if map.check(2048):#如果上面循环结束的情况下，检测到2048
239          result = 'You Win!'#那么这时说明游戏你赢了
240      screen.fill(DEFAULT)#游戏结算界面直接默认底色
241      map_font = pygame.font.Font(None,86)#设置一下字体
242      font_surf = map_font.render(result,True,C_FONT)
243      font_rect = font_surf.get_rect()
244      font_rect.center = (SIZE*LENGTH/2,SIZE*LENGTH/2)
245      screen.blit(font_surf,font_rect)
246      pygame.display.update()
247      #第12次添加结束------
```

⑯ 游戏 2048 编程

这时就可以运行了。

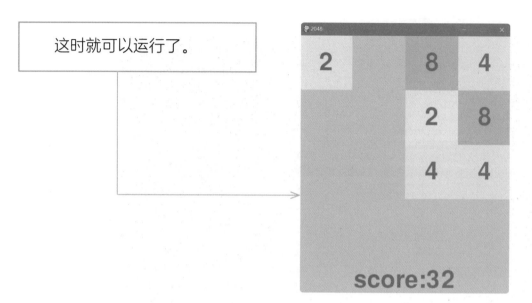

扫描二维码下载
示例代码

17 贪吃蛇

本章课程目录：

17.1 贪吃蛇介绍

进入游戏界面：按任意键可以进入游戏。

贪吃蛇由小绿块组成，按下键盘的上、下、左、右键进行控制。

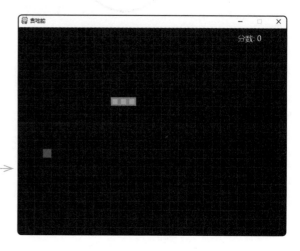

贪吃蛇死亡，游戏结束。

17.2 贪吃蛇结构

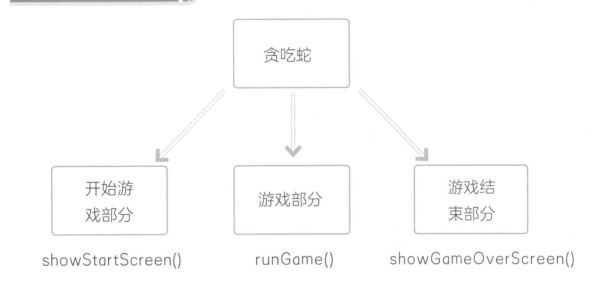

```
贪吃蛇
```

开始游戏部分	游戏部分	游戏结束部分
showStartScreen()	runGame()	showGameOverScreen()

17.3 贪吃蛇编程

① 最小·框架

> 写出游戏的最小框架。

```python
1  import random
2  import sys
3  import pygame
4  from pygame.locals import *
5
6  FPS = 5  # 刷新帧率
7  WINDOW_WIDTH = 640  # 屏幕宽度
8  WINDOW_HEIGH = 480  # 屏幕高度
9  GELLSIZE = 20  # 格子大小
10 GELLWIDTH = int(WINDOW_WIDTH / GELLSIZE)  # 一行格子的个数
11 GELLWIDTH = int(WINDOW_HEIGH / GELLSIZE)  # 一列格子的个数
12
13
14 def main():  # 游戏主逻辑
15     global FPSLOCK, SCREEN, BASICFONT  # FPS    游戏屏幕    文字字体
16     pygame.init()  # 实例化
17     FPSLOCK = pygame.time.Clock()  # 帧率刷新
18     SCREEN = pygame.display.set_mode((WINDOW_WIDTH, WINDOW_HEIGH))  # 游戏屏幕
19     BASICFONT = pygame.font.Font(r'C:\Windows\Fonts\simkai.ttf', 18)  # 文字设置
20     pygame.display.set_caption('贪吃蛇')  # 游戏名称
21     while True:  # 事件控制
22         for event in pygame.event.get():
23             if event.type == pygame.QUIT:
24                 sys.exit()
25
26
27 if __name__ == "__main__":
28     main()
```

② 游戏首页 - 定义颜色

```python
1   import random
2   import sys
3   import pygame
4   from pygame.locals import *
5
6   FPS = 5    # 刷新帧率
7   WINDOW_WIDTH = 640   # 屏幕宽度
8   WINDOW_HEIGH = 480   # 屏幕高度
9   GELLSIZE = 20   # 格子大小
10  GELLWIDTH = int(WINDOW_WIDTH / GELLSIZE)   # 一行格子的个数
11  GELLHEIGH = int(WINDOW_HEIGH / GELLSIZE)   # 一列格子的个数
12
13  """
14  新加程序1 开始+++++++++++++++++++++++++++++++++++++++++++++++
15  颜色设置变量
16  """
17  WHITE = (255, 255, 255)   # 白色
18  BLACK = (0, 0, 0)   # 黑色
19  RED = (255, 0, 0)   # 红色
20  GREEN = (0, 255, 0)   # 绿色
21  DARKGREEN = (0, 155, 0)   # 浅绿色
22  DARKGRAY = (40, 40, 40)   # 浅灰色
23  BGCOLOR = BLACK   # 背景色--黑色
24  """
25  新加程序1 结束===============================================
26  """
27
28
29  def main():   # 游戏主逻辑
```

定义一些需要使用的颜色。用于背景色、字体颜色、蛇的身体等。

③ 游戏首页 - 开始函数

把开始函数封装成为一个函数。函数名：showStartScreen()。游戏画面左下角显示的小字游戏结束时也要使用到，所以封装成为一个函数。使用时调用。

```python
50  新加程序2 开始+++++++++++++++++++++++++++++++++++++++++++++++
51  程序开始画面
52  设置开始界面的文字显示方式与摆放位置等
53  """
54  def showStartScreen():
55      WINDOW_WIDTH1 = 640   # 屏幕宽度
56      WINDOW_HEIGH1 = 480   # 屏幕高度
57      titleFont = pygame.font.Font(r'C:\Windows\Fonts\simkai.ttf', 100)   # 游戏首页旋转文字的字体设置
58      titleSurf1 = titleFont.render('贪吃蛇', True, WHITE, DARKGREEN)   # 文字 1 设置
59      titleSurf2 = titleFont.render('贪吃蛇', True, GREEN)   # 文字 2 设置
60      degrees1 = 0   # 文字 1 的角度
61      degrees2 = 0   # 文字 2 的角度
62      while True:
63          for event in pygame.event.get():
64              if event.type == pygame.QUIT:
65                  sys.exit()
66              elif event.type == KEYDOWN:
67                  return
68          SCREEN.fill(BGCOLOR)
69          rotatedSurf1 = pygame.transform.rotate(titleSurf1, degrees1)   # 旋转文字1
70          rotatedRect1 = rotatedSurf1.get_rect()   # 获取外切矩形
71          rotatedRect1.center = (WINDOW_WIDTH1 / 2, WINDOW_HEIGH1 / 2)   # 以文字的中心点，设置文字摆放位置
72          SCREEN.blit(rotatedSurf1, rotatedRect1)
73
74          rotatedSurf2 = pygame.transform.rotate(titleSurf2, degrees2)   # 旋转文字2
75          rotatedRect2 = rotatedSurf2.get_rect()   # 获取外切矩形
76          rotatedRect2.center = (WINDOW_WIDTH1 / 2, WINDOW_HEIGH1 / 2)   # 以文字的中心点，设置文字摆放位置
77          SCREEN.blit(rotatedSurf2, rotatedRect2)
78          pygame.display.update()
79          FPSLOCK.tick(FPS)
80          degrees1 += 3
81          degrees2 += 7
82  """
83  新加程序2 结束===============================================
```

④ 游戏首页 - 提示函数

提示字函数。

```
 97     """
 98     新加程序3 开始++++++++++++++++++++++++++++++++++++++++++++
 99     """
100
101
102     def drawPressKeyMsg():
103         pressKeySurf = BASICFONT.render('按任意键进入游戏', True, WHITE)
104         pressKeyRect = pressKeySurf.get_rect()
105         pressKeyRect.topleft = (WINDOW_WIDTH - 200, WINDOW_HEIGH - 30)
106         SCREEN.blit(pressKeySurf, pressKeyRect)
107
108
109     """
110     新加程序3 结束==============================================
111     """
112
113     if __name__ == "__main__":
114         main()
```

⑤ 游戏首页 - 小字函数

函数调用函数。

```
rotatedSurf2 = pygame.transform.rotate(titleSurf2, degrees2)   # 旋转文字2
rotatedRect2 = rotatedSurf2.get_rect()   # 获取外切矩形
rotatedRect2.center = (WINDOW_WIDTH1 / 2, WINDOW_HEIGH1 / 2)   # 以文字的中
SCREEN.blit(rotatedSurf2, rotatedRect2)
"""
新加程序4 开始++++++++++++++++++++++++++++++++++++++++++++++++

drawPressKeyMsg()
"""
新加程序4 结束==============================================
"""
```

⑥ 游戏首页 - 调用函数

在 main() 函数中调用函数。

```python
def main():  # 游戏主逻辑
    global FPSLOCK, SCREEN, BASICFONT  # FPS    游戏屏幕    文字字体
    pygame.init()  # 实例化
    FPSLOCK = pygame.time.Clock()  # 帧率刷新
    SCREEN = pygame.display.set_mode((WINDOW_WIDTH, WINDOW_HEIGH))  # 游戏屏幕
    BASICFONT = pygame.font.Font(r'C:\Windows\Fonts\simkai.ttf', 18)   # 文字i
    pygame.display.set_caption('贪吃蛇')  # 游戏名称
    """
    新加程序5 开始++++++++++++++++++++++++++++++++++++++++++++++++

    showStartScreen()
    """
    新加程序5 结束==================================================

    while True:  # 事件控制
        for event in pygame.event.get():
            if event.type == pygame.QUIT:
                sys.exit()
```

⑦ 进入游戏 - 游戏背景

开始游戏
后的游戏背景
绘制方式。

```python
    """
    新加程序1 开始++++++++++++++++++++++++++++++++++++++++++++++++
    游戏背景图的绘制方式
    """


def drawGrid():
    for x in range(0, WINDOW_WIDTH, CELLSIZE):
        pygame.draw.line(SCREEN, DARKGRAY, (x, 0), (x, WINDOW_HEIGHT))
    for y in range(0, WINDOW_HEIGHT, CELLSIZE):
        pygame.draw.line(SCREEN, DARKGRAY, (0, y), (WINDOW_WIDTH, y ))


    """
    新加程序1 结束==================================================

if __name__ == "__main__":
    main()
```

⑧ 进入游戏 - 开始游戏

游戏的主要运行逻辑的控制函数。

```python
"""
新加程序2 开始++++++++++++++++++++++++++++++++++++++++++++++++
开始游戏后  游戏界面的主逻辑
"""


def runGame():
    while True:
        # 处理事件
        for event in pygame.event.get():
            if event.type == pygame.QUIT:
                sys.exit()
        SCREEN.fill(BGCOLOR)
        drawGrid()    # 函数调用
        pygame.display.update()
        FPSCLOCK.tick(FPS)


"""
新加程序2 结束==============================================
"""
if __name__ == "__main__":
    main()
```

⑨ 贪吃蛇 - 食物位置

编写食物 (苹果) 的出现位置函数。

```python
"""
新加程序1 开始++++++++++++++++++++++++++++++++++++++++++++++++
苹果出现的位置
"""


def getRandomLocation():
    return {'x' : random.randint(0, CELLWIDTH), 'y' : random.randint(0, CELLHEIGHT - 1)}


"""
新加程序1 结束==============================================
"""
def runGame():
```

⑩ 贪吃蛇 – 绘制食物

编写绘制苹果函数。

```python
"""
新加程序2 开始+++++++++++++++++++++++++++++++++++++++++++++++++++
"""
def drawApple(coord):
    x = coord['x'] * CELLSIZE
    y = coord['y'] * CELLSIZE
    appleRect = pygame.Rect(x, y, CELLSIZE, CELLSIZE)
    pygame.draw.rect(SCREEN, RED, appleRect)
"""
新加程序2 结束================================================
"""
if __name__ == "__main__":
    main()
```

⑪ 贪吃蛇 – 实现效果

绘制苹果到屏幕上。

```python
def runGame():
    # 苹果
    apple = getRandomLocation()
    while True:
        # 处理事件
        for event in pygame.event.get():
            if event.type == pygame.QUIT:
                sys.exit()
        SCREEN.fill(BGCOLOR)
        drawGrid()   # 函数调用
        """新加程序3 开始+++++++++++++++++++++++++++++++++++++++++
        drawApple(apple) # 绘制苹果
        """新加程序3 结束================================================
        pygame.display.update()
```

⑫ 贪吃蛇 - 贪吃蛇

贪吃蛇外观的编写。

```python
def runGame():
    """新加程序4 开始++++++++++++++++++++++++++++++++++++++++++++++++++++++"""
    # 随机一个贪吃蛇的位置
    startx = random.randint(5, CELLWIDTH - 6)
    starty = random.randint(5, CELLHEIGHT - 6)
    # 贪吃蛇
    wormCoords = [{'x': startx,'y': starty},
                  {'x': startx - 1,'y':starty},
                  {'x': startx - 2, 'y':starty}]
    """新加程序4 结束=============================================="""
```

⑬ 贪吃蛇 - 绘制贪吃蛇

绘制贪吃蛇到屏幕上的函数。

```python
    while True:
        # 处理事件
        for event in pygame.event.get():
            if event.type == pygame.QUIT:
                sys.exit()
        SCREEN.fill(BGCOLOR)
        drawGrid()    # 函数调用
        drawWorm(wormCoords)  # 绘制贪吃蛇
        """新加程序3 开始++++++++++++++++++++++++++++++++++++++++++++++++++"""
        drawApple(apple) # 绘制苹果
        """新加程序3 结束=============================================="""
        pygame.display.update()
        FPSCLOCK.tick(FPS)


    """新加程序5 开始++++++++++++++++++++++++++++++++++++++++++++++++++++"""
def drawWorm(wormCoords):
    for coord in wormCoords:
        x = coord['x'] * CELLSIZE
        y = coord['y'] * CELLSIZE
        wormSegmentRect = pygame.Rect(x, y, CELLSIZE, CELLSIZE)
        pygame.draw.rect(SCREEN, DARKGREEN, wormSegmentRect)
        wormInnerSegmentRect = pygame.Rect(x+4, y+4, CELLSIZE -8, CELLSIZE -8 )
        pygame.draw.rect(SCREEN, DARKGREEN, wormInnerSegmentRect)
    """新加程序5 结束=============================================="""
```

⑭ 游戏实现 - 绘制分数

编写绘制分数的函数 drawScore(参数)，其中参数为分数。

```python
"""新加程序6 开始+++++++++++++++++++++++++++++++++++++++++++++++++"""
def drawScore(score):
    scoreSurf = BASICFONT.render('分数: %s' % (score), True, WHITE)
    scoreRect = scoreSurf.get_rect()
    scoreRect.topleft = (WINDOW_WIDTH - 120, 10)
    SCREEN.blit(scoreSurf, scoreRect)
"""新加程序6 结束=================================================="""
```

```python
    SCREEN.fill(BGCOLOR)
    drawGrid()    # 函数调用
    drawWorm(wormCoords)  # 绘制贪吃蛇
    """新加程序3 开始++++++++++++++++++++++++++++++++++++++++++++++"""
    drawApple(apple) # 绘制苹果
    """新加程序3 结束==========================================="""
    drawScore(len(wormCoords) - 3) # 绘制分数
    pygame.display.update()
    FPSCLOCK.tick(FPS)
```

⑮ 游戏完善 - 控制贪吃蛇

定义贪吃蛇移动方向，并编写对应的键盘事件控制贪吃蛇。

```python
def runGame():
    # 随机一个贪吃蛇的位置
    startx = random.randint(5, CELLWIDTH - 6)
    starty = random.randint(5, CELLHEIGHT - 6)
    # 贪吃蛇
    wormCoords = [{'x': startx,'y': starty},
                  {'x': startx - 1,'y':starty},
                  {'x': startx - 2, 'y':starty}]
    """新加程序1 开始++++++++++++++++++++++++++++++++++++++++++++++"""
    # 初始移动方向
    direction = RIGHT
    """新加程序1 结束==========================================="""
```

```
"""新加程序1 开始++++++++++++++++++++++++++++++++++++++++++++++++"""
UP = 'up'
DOWN = 'down'
LEFT = 'left'
RIGHT = 'right'
"""新加程序1 结束======================================="""

def main():  # 游戏主逻辑
```

⑯ 游戏完善 - 控制贪吃蛇

贪吃蛇自行运动时的轨迹与方式。

```
apple = getRandomLocation()
while True:
    # 处理事件
    for event in pygame.event.get():
        if event.type == pygame.QUIT:
            sys.exit()
    """新加程序2 开始++++++++++++++++++++++++++++++++++++++++++++"""
    if direction == UP:
        newHead = {'x': wormCoords[0]['x'], 'y':wormCoords[0]['y']-1}
    elif direction == DOWN:
        newHead = {'x': wormCoords[0]['x'], 'y':wormCoords[0]['y']+1}
    elif direction == LEFT:
        newHead = {'x': wormCoords[0]['x']-1, 'y':wormCoords[0]['y']}
    elif direction == RIGHT:
        newHead = {'x': wormCoords[0]['x']+1, 'y':wormCoords[0]['y']}
    wormCoords.insert(0, newHead)  # 新知识 insert(位置，对象)  用于将指定对象插入列表的指定位置。
    """新加程序2 结束======================================="""

    SCREEN.fill(BGCOLOR)
    drawGrid()  # 函数调用
```

⑰ 游戏完善 - 控制贪吃蛇

贪吃蛇根据输入指令移动位置。

```python
while True:
    # 处理事件
    for event in pygame.event.get():
        if event.type == pygame.QUIT:
            sys.exit()
        """新加程序3 开始++++++++++++++++++++++++++++++++++++++++++++++++++++"""
        if event.type == KEYDOWN:
            if (event.key == K_LEFT or event.key == K_a) and direction != RIGHT:
                direction = LEFT
            elif (event.key == K_RIGHT or event.key == K_d) and direction != LEFT:
                direction = RIGHT
            elif (event.key == K_UP or event.key == K_w) and direction != DOWN:
                direction = UP
            elif (event.key == K_DOWN or event.key == K_s) and direction != UP:
                direction = DOWN
            elif event.key == K_ESCAPE:
                sys.exit()
    """新加程序3 结束===================================================="""

    """新加程序2 开始++++++++++++++++++++++++++++++++++++++++++++++++++++"""
    if direction == UP:
        newHead = {'x': wormCoords[0]['x'], 'y':wormCoords[0]['y']-1}
```

⑱ 游戏完善 - 控制贪吃蛇

判定贪吃蛇是否死亡。

```python
    """新加程序3 结束===================================================="""

    """新加程序4 开始++++++++++++++++++++++++++++++++++++++++++++++++++++"""
    if wormCoords[0]['x'] == -1 or wormCoords[0]['x'] == CELLWIDTH \
        or  wormCoords[0]['y'] == -1 or wormCoords[0]['y'] == CELLHEIGHT:
            return
    for wormBody in wormCoords[1:]:
        if wormBody['x'] == wormCoords[0]['x'] and \
            wormBody['y'] == wormCoords[0]['y']:
                return
    """新加程序4 结束===================================================="""

    """新加程序2 开始++++++++++++++++++++++++++++++++++++++++++++++++++++"""
```

⑲ 游戏完善 - 控制贪吃蛇

> 判定贪吃蛇是否吃到食物，吃到则加长身体，没有吃到，则身体保持原长度继续寻找食物。

```
    return
"""新加程序4 结束==============================

"""新加程序5 开始++++++++++++++++++++++++++++++++
# 贪吃蛇吃到苹果
if wormCoords[0]['x'] == apple['x'] and wormCoords[0]['y'] == apple['y']:
    # 再生成随机苹果
    apple = getRandomLocation()
else:
    del wormCoords[-1] # 删除最后一节
"""新加程序5 结束==============================


"""新加程序2 开始++++++++++++++++++++++++++++++++
```

⑳ 拓展 - 游戏结束

定义游戏结束函数 showGameOverScreen()。

```
167  def showGameOverScreen():
168      gameOverFont = pygame.font.Font('C://Windows//Fonts//msyh.ttc', 150)
169      gameSurf = gameOverFont.render('游戏', True, WHITE)
170      overSurf = gameOverFont.render('失败', True, WHITE)
171      gameRect = gameSurf.get_rect()
172      overRect = overSurf.get_rect()
173      gameRect.midtop = (WINDOWWIDTH / 2, 10)
174      overRect.midtop = (WINDOWWIDTH / 2, gameRect.height + 10 + 25)
175      SCREEN.blit(gameSurf, gameRect)
176      SCREEN.blit(overSurf, overRect)
177      drawPressKeyMsg()
178      pygame.display.update()
179      while True:
180          for event in pygame.event.get():
181              if event.type == QUIT:
182                  sys.exit()
183          return
184
185  if __name__ == '__main__':
186      main()
```

㉑ 拓展 - 调用函数

> 把游戏结束的 showGameOverScreen() 函数加入到 main() 函数。

```
32      showStartScreen()   # 调用函数
33      while True:
34          for event in pygame.event.get():
35              if event.type == QUIT:
36                  sys.exit()
37      runGame()   # 进入游戏
38      showGameOverScreen()
```

运行之后就可以看到编写的程序了。

扫描二维码下载
示例代码

恐龙跑酷

本章课程目录：

18.1 恐龙跑酷介绍

小恐龙向前奔跑，跳跃越过障碍物，并获得积分。

游戏结束显示 GAMEOVER，按下空格键重新开始游戏。

18.2 恐龙跑酷结构

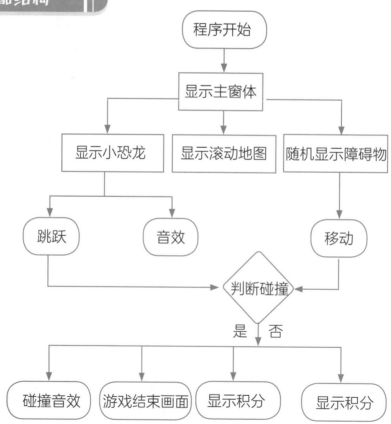

18.3 恐龙跑酷编程

① 最小·框架

写出游戏的最小框架，
并完成地图的轮播效果。

```python
1  import pygame
2  from pygame.locals import *
3
4  SCREENWIDTH = 822   # 定义屏幕宽度
5  SCREENHEIGH = 460   # 定义屏幕高度
6  FPS = 30  # 定义刷新帧率
7
8
9  def mainGame():
10     global SCREEN, FPSSCLOCK
11     score = 0  # 得分
12     over = False
13     pygame.init()  # 初始化
14     FPSSCLOCK = pygame.time.Clock()
15     SCREEN = pygame.display.set_mode((SCREENWIDTH, SCREENHEIGH))
16     pygame.display.set_caption('小恐龙')
17     while True:
18         for event in pygame.event.get():
19             if event.type == pygame.QUIT:
20                 exit()
21
22  if __name__ == "__main__":
23      mainGame()
```

② 进入游戏 - 地图

引入地图背景图片，并
编写控制地图移动函数。

```python
1  import pygame
2  from pygame.locals import *
3  from itertools import cycle
4  import random
5
6  SCREENWIDTH = 822   # 定义屏幕宽度
7  SCREENHEIGH = 460   # 定义屏幕高度
8  FPS = 30  # 定义刷新帧率
9
10 """新加程序1 开始+++++++++++++++++++++++++++++++++++++++++++++++++"""
11 class MyMap():
12     def __init__(self, x, y):
13         self.bg = pygame.image.load(r'素材/bgimg.png')
14         self.bg = pygame.transform.smoothscale(self.bg, (822, 460))
15         self.x = x
16         self.y = y
17     # 地图滚动
18     def map_rolling(self):
19         if self.x < -790:
20             self.x = 800
21         else:
22             self.x -= 5
23     # 地图绘制更新
24     def map_update(self):
25         SCREEN.blit(self.bg, (self.x, self.y))
26 """新加程序1 结束================================="""
```

③进入游戏—编写语句

在改写游戏名字的程序下方编写控制地图轮播效果的语句。

```
pygame.display.set_caption('小恐龙')  # 游戏名字
"""新加程序1 开始++++++++++++++++++++++++++++++++++++++++++++++++"""
bg1 = MyMap(0,0)
bg2 = MyMap(800,0)
while True:
    for event in pygame.event.get():
        if event.type == pygame.QUIT:
            exit()
    if over == False:
        bg1.map_update()
        bg1.map_rolling()
        bg2.map_update()
        bg2.map_rolling()
    """新加程序1 结束==================================="""
    pygame.display.update()  # 刷新整个窗口
    FPSSCLOCK.tick(FPS)      # 控制循环多长时间运行一次
```

④ 进入游戏—恐龙类

编写恐龙类，初始化恐龙跳跃状态、跳跃高度、最低位置并引入图片绘制。

```
27
28
29  """新加程序2 开始++++++++++++++++++++++++++++++++++++++++++++++"""
30  # 创建恐龙类
31  class Dinosaur():
32      def __init__(self):
33          # 初始化小恐龙矩形
34          self.rect = pygame.Rect(0,0,0,0)
35          self.jumpState = False  # 跳跃状态设置
36          self.jumpHeight = 150  # 跳跃高度设置
37          self.lowest_y = 300  # 最低坐标
38          self.jumpValue = 0  # 跳跃的增变量值
39          # 小恐龙
40          self.dinosaurIndex = 0
41          self.dinosaurIndexGen = cycle([0,1,2])
42          # 加载小恐龙图片
43          self.dinosaur_img = (
44              pygame.image.load(r"素材/konglong1.png").convert_alpha(),
45              pygame.image.load(r"素材/konglong2.png").convert_alpha(),
46              pygame.image.load(r"素材/konglong3.png").convert_alpha(),
47          )
48          self.jump_audio = pygame.mixer.Sound(r'素材/beep3.ogg')
49          self.rect.size = self.dinosaur_img[0].get_size()
50          self.x = 50
51          self.y = self.lowest_y
52          self.rect.topleft = (self.x, self.y)
53
54      def draw_dinosaur(self):
55          # 匹配恐龙动态图
56          dinosaurIndex = next(self.dinosaurIndexGen)
57          # 绘制小恐龙
58          SCREEN.blit(self.dinosaur_img[dinosaurIndex],(self.x, self.rect.y))
59  """新加程序2 结束==================================="""
```

⑤ 进入游戏—循环内调用

在主循环上实例化恐龙类，循环内调用方法。

```
"""新加程序2 开始++++++++++++++++++++++++++++++++++++++++++++++++"""
dinosaur = Dinosaur()
while True:
    for event in pygame.event.get():
        if event.type == pygame.QUIT:
            exit()
        if event.type == KEYDOWN and event.key == K_SPACE:
            if dinosaur.rect.y >= dinosaur.lowest_y:
                dinosaur.jump()
                dinosaur.jump_audio.play()
    """新加程序1 开始++++++++++++++++++++++++++++++++++++++++++++++++"""
    if over == False:
        bg1.map_update()
        bg1.map_rolling()
        bg2.map_update()
        bg2.map_rolling()
    """新加程序1 结束================================================"""
    dinosaur.draw_dinosaur()
    """新加程序2 结束================================================"""
    pygame.display.update()      # 刷新整个窗口
    FPSSCLOCK.tick(FPS)          # 控制循环多长时间运行一次
```

⑥ 进入游戏—恐龙移动

在恐龙类中绘制恐龙的函数上方编写控制恐龙跳跃移动的两个函数。

```
"""新加程序3 开始++++++++++++++++++++++++++++++++++++++++++++++++"""
def jump(self):
    self.jumpState = True
def move(self):
    if self.jumpState:
        if self.rect.y >= self.lowest_y:
            self.jumpValue = -6
        if self.rect.y <= self.lowest_y - self.jumpHeight:
            self.jumpValue = 6
        self.rect.y += self.jumpValue
        if self.rect.y >= self.lowest_y:
            self.jumpState = False
    """新加程序3 结束================================================"""
def draw_dinosaur(self):
```

⑦ 进入游戏—恐龙移动

在 mainGame() 中调用。

```
"""新加程序3 开始+++++++++++++++++++++++++++++++++++++++++++++++++++++
dinosaur.move()
"""新加程序3 结束==========================================================

dinosaur.draw_dinosaur()
"""新加程序2 结束==========================================================
```

⑧ 进入游戏—效果

⑨ 游戏效果—障碍物

创建障碍物类，引入障碍物图片以及分数图片并确定摆放位置、移动障碍物等函数。

```python
10        新加程序1 开始++++++++++++++++++++++++++++++++++++++++++++++++++++
11  # 障碍物
12  class Obstacle():
13      score = 1  # 积分
14      def __init__(self):
15          # 初始化障碍物矩形
16          self.rect = pygame.Rect(0,0,0,0)
17          # 加载障碍物图片
18          self.image = pygame.image.load(r'素材/xrz.png').convert_alpha()
19          # 加载分数图片
20          self.numbers = (pygame.image.load(r'素材/number0.png').convert_alpha(),
21              pygame.image.load(r'素材/number1.png').convert_alpha(),
22              pygame.image.load(r'素材/number2.png').convert_alpha(),
23              pygame.image.load(r'素材/number3.png').convert_alpha(),
24              pygame.image.load(r'素材/number4.png').convert_alpha(),
25              pygame.image.load(r'素材/number5.png').convert_alpha(),
26              pygame.image.load(r'素材/number6.png').convert_alpha(),
27              pygame.image.load(r'素材/number7.png').convert_alpha(),
28              pygame.image.load(r'素材/number8.png').convert_alpha(),
29              pygame.image.load(r'素材/number9.png').convert_alpha(),)
30          # 加载加分音效
31          self.score_audio = pygame.mixer.Sound(r'素材/beep3.ogg')
32          # 根据障碍物位图的宽高来设置矩形
33          self.rect.size = self.image.get_size()
34          # 获取位图的宽高
35          self.width,self.height = self.rect.size
36          # 障碍物绘制坐标
37          self.x = 800
38          self.y = 500 - (self.height / 2)
39          self.rect.center = (self.x, self.y)
40      def obstacle_move(self):
41          self.rect.x -= 5
42      def draw_obstacle(self):
43          SCREEN.blit(self.image, (self.rect.x, self.rect.y))
44  """新加程度1 结束----------------------------------------
```

⑩ 障碍物 – 障碍物绘制

在 main 函数中控制障碍物的出现时间间隔，以及障碍物的移动与绘制。

```python
dinosaur = Dinosaur()
"""新加程序2 开始+++++++++++++++++++++++++++++++++++++++++++++++++++++++++++++++"""
addObstacleTimer = 0  # 障碍物添加时间间隔
list1 = [] # 障碍物对象列表
"""新加程序2 结束==================================================="""
while True:
    for event in pygame.event.get():
        if event.type == pygame.QUIT:
            exit()
        if event.type == KEYDOWN and event.key == K_SPACE:
            if dinosaur.rect.y >= dinosaur.lowest_y:
                dinosaur.jump()
                dinosaur.jump_audio.play()
    if over == False:
        bg1.map_update()
        bg1.map_rolling()
        bg2.map_update()
        bg2.map_rolling()
        dinosaur.move()
        dinosaur.draw_dinosaur()
        """新加程序2 开始+++++++++++++++++++++++++++++++++++++++++++++++++++++++++++++"""
        if addObstacleTimer >= 1300:
            r = random.randint(0,100)
            if r > 40:
                obstacle = Obstacle()
                list1.append(obstacle)
            addObstacleTimer = 0
        for i in range(len(list1)):
            list1[i].obstacle_move()
            list1[i].draw_obstacle()
        addObstacleTimer += 20
        """新加程序2 结束==================================================="""
    pygame.display.update()  # 刷新整个窗口
    FPSSCLOCK.tick(FPS)      # 控制循环多长时间运行一次
```

⑪ 完善游戏 - 分数绘制

```python
    def draw_obstacle(self):
        SCREEN.blit(self.image, (self.rect.x, self.rect.y))
    """新加程序1 开始++++++++++++++++++++++++++++++++++++++++++++++++++"""
    # 获取分数
    def getScore(self):
        self.score
        tmp = self.score
        if tmp == 1:
            self.score_audio.play()
        self.score = 0
        return tmp
    # 显示分数
    def showScore(self,score):
        # 在游戏界面顶部中心绘制分数
        self.scoreDigits = [int(x) for x in list(str(score))]
        totalWidth = 0
        for digit in self.scoreDigits:
            # 获取分数图片的宽度
            totalWidth += self.numbers[digit].get_width()
        # 分数横向位置
        Xoffset = (SCREENWIDTH - totalWidth) / 2
        for digit in self.scoreDigits:
            # 绘制分数
            SCREEN.blit(self.numbers[digit], (Xoffset, SCREENHEIGHT * 0.1))
            # 随着数字增加改变位置
            Xoffset += self.numbers[digit].get_width()
    """新加程序1 结束==========================================="""
```

⑫ 完善游戏 - 游戏结束

编写游戏结束函数，添加碰撞声音，添加游戏结束图片。

```python
"""新加程序2 开始++++++++++++++++++++++++++++++++++++++++++++++++++"""
def game_over():
    bump_audio = pygame.mixer.Sound(r'素材/beep3.ogg')
    bump_audio.play()
    screen_w = pygame.display.Info().current_w
    screen_h = pygame.display.Info().current_h
    # 加载游戏结束图片
    over_img = pygame.image.load(r'素材/gameover.png').convert_alpha()
    SCREEN.blit(over_img, ((screen_w - over_img.get_width()) / 2, (screen_h - over_img.get_height()) / 2))
"""新加程序2 结束==========================================="""

def mainGame():
```

⑬ 完善游戏 - 游戏重开

在主函数中的小恐龙跳跃音效下，控制游戏重新开始。

```
while True:
    for event in pygame.event.get():
        if event.type == pygame.QUIT:
            exit()
        if event.type == KEYDOWN and event.key == K_SPACE:
            if dinosaur.rect.y >= dinosaur.lowest_y:
                dinosaur.jump()
                dinosaur.jump_audio.play()
            if over == True:
                mainGame()

    if over == False:
        bg1.map_update()
        bg1.map_rolling()
```

扫描二维码下载
示例代码

19 飞机大战

本章课程目录:

19.1 飞机大战介绍

游戏效果

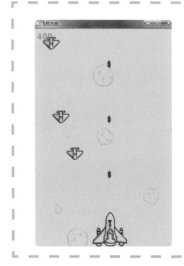

19.3 飞机大战编程

① 最小框架

编写游戏最小框架，引入我们所需要的图片并绘制背景图。

```python
# -*- coding: utf-8 -*-
import pygame
from pygame.locals import *
from sys import exit
import random
# 设置游戏屏幕大小
SCREEN_WIDTH = 400
SCREEN_HEIGHT = 600
# 初始化 pygame
pygame.init()
# 设置游戏界面大小、背景图片及标题
# 游戏界面像素大小
screen = pygame.display.set_mode((SCREEN_WIDTH, SCREEN_HEIGHT))
# 游戏界面标题
pygame.display.set_caption('飞机大战')
# 图标
ic_launcher = pygame.image.load('resources/image/ic_launcher.png').convert_alpha()
pygame.display.set_icon(ic_launcher)
# 背景图
background = pygame.image.load('resources/image/background.png').convert()
# Game Over 的背景图
game_over = pygame.image.load('resources/image/gameover.png')
# 飞机及子弹图片集合
plane_img = pygame.image.load('resources/image/shoot.png')
# 初始化分数
score = 0
# 游戏循环帧率设置
clock = pygame.time.Clock()
# 判断游戏循环退出的参数
running = True
# 游戏主循环
while running:
    # 绘制背景
    screen.fill(0)
    screen.blit(background, (0, 0))
    # 控制游戏最大帧率为 60
    clock.tick(60)
    # 更新屏幕
    pygame.display.update()
    # 处理游戏退出
    for event in pygame.event.get():
        if event.type == pygame.QUIT:
            pygame.quit()
            exit()
```

② 飞机大战 - 主函数

为了方便我们调用，将最小框架结构封装为一个函数作为主函数调用。

```python
# -*- coding: utf-8 -*-
import pygame
from pygame.locals import *
from sys import exit
import random
# 设置游戏屏幕大小
SCREEN_WIDTH = 400
SCREEN_HEIGHT = 600
# 初始化 pygame
pygame.init()
# 设置游戏界面大小、背景图片及标题
# 游戏界面像素大小
screen = pygame.display.set_mode((SCREEN_WIDTH, SCREEN_HEIGHT))
# 游戏界面标题
pygame.display.set_caption('飞机大战')
# 图标
ic_launcher = pygame.image.load('resources/image/ic_launcher.png').convert_alpha()
pygame.display.set_icon(ic_launcher)
# 背景图
background = pygame.image.load('resources/image/background.png').convert()
# Game Over 的背景图
game_over = pygame.image.load('resources/image/gameover.png')
# 飞机及子弹图片集合
plane_img = pygame.image.load('resources/image/shoot.png')

def startGame():
    # 初始化分数
    score = 0
    # 游戏循环帧率设置
    clock = pygame.time.Clock()
    # 判断游戏循环退出的参数
    running = True
    # 游戏主循环
    while running:
        # 绘制背景
        screen.fill(0)
        screen.blit(background, (0, 0))
        # 控制游戏最大帧率为 60
        clock.tick(60)
        # 更新屏幕
        pygame.display.update()
        # 处理游戏退出
        for event in pygame.event.get():
            if event.type == pygame.QUIT:
                pygame.quit()
                exit()

startGame()
```

③ 飞机大战 - 战机

创建战机类命名为 Player，设置一些战机的基础参数。

```python
# -*- coding: utf-8 -*-
import pygame
from pygame.locals import *
from sys import exit
import random
# 设置游戏屏幕大小
SCREEN_WIDTH = 400
SCREEN_HEIGHT = 600

"""新加程序1 开始++++++++++++++++++++++++++++++++++++++++++++++++++"""
# 玩家飞机类
class Player(pygame.sprite.Sprite):
    def __init__(self, plane_img, player_rect, init_pos):
        pygame.sprite.Sprite.__init__(self)
        self.image = []  # 用来存储玩家飞机图片的列表
        for i in range(len(player_rect)):
            self.image.append(plane_img.subsurface(player_rect[i]).convert_alpha())
        self.rect = player_rect[0]  # 初始化图片所在的矩形
        self.rect.topleft = init_pos  # 初始化矩形的左上角坐标
        self.speed = 8  # 初始化玩家飞机速度，这里是一个确定的值
        self.bullets = pygame.sprite.Group()  # 玩家飞机所发射的子弹的集合
        self.img_index = 0  # 玩家飞机图片索引
        self.is_hit = False  # 玩家是否被击中
"""新加程序1 开始++++++++++++++++++++++++++++++++++++++++++++++++++"""
```

④ 飞机大战 - 导入战机图片

导入所需要的战机图片。因为我们的图片需要全部集中在一张png图片集合中，所以新建列表，然后依次将每张图片切出，存入列表中备用，并设定战机移动频率为 0。

```python
    def startGame():
        """新加程序2 开始++++++++++++++++++++++++++++++++++++++++++++++++++"
        # 设置玩家飞机不同状态的图片列表，多张图片展示为动画效果
        player_rect = []
        # 玩家飞机图片
        player_rect.append(pygame.Rect(0, 99, 102, 126))
        player_rect.append(pygame.Rect(165, 360, 102, 126))
        # 玩家爆炸图片
        player_rect.append(pygame.Rect(165, 234, 102, 126))
        player_rect.append(pygame.Rect(330, 624, 102, 126))
        player_rect.append(pygame.Rect(330, 498, 102, 126))
        player_rect.append(pygame.Rect(432, 624, 102, 126))
        player_pos = [150, 400]
        player = Player(plane_img, player_rect, player_pos)
        shoot_frequency = 0
        # 玩家飞机被击中后的效果处理
        player_down_index = 16
        """新加程序2 结束==================================="
        # 初始化分数
```

⑤ 飞机大战 - 判断战机的安全状态

判断战机是否处于安全状态，然后绘制战机。

```
67      # 游戏主循环
68      while running:
69          # 绘制背景
70          screen.fill(0)
71          screen.blit(background, (0, 0))
72          # 控制游戏最大帧率为 60
73          clock.tick(60)
74          """新加程序3 开始++++++++++++++++++++++++++++++++++++++++++++++++++"""
75          # 首先判断玩家飞机没有被击中
76          if not player.is_hit:
77              shoot_frequency += 1
78              if shoot_frequency >= 15:
79                  shoot_frequency = 0
80          # 绘制玩家飞机
81          if not player.is_hit:
82              screen.blit(player.image[player.img_index], player.rect)
83              # 更换图片索引使飞机有动画效果
84              player.img_index = shoot_frequency // 8
85          """新加程序3 开始++++++++++++++++++++++++++++++++++++++++++++++++++"""
86          # 更新屏幕
87          pygame.display.update()
```

⑥ 飞机大战 - 试运行

试运行查看程序是否有误。

⑦ 飞机大战 - 射击

在战机类上创建子弹类命名为 Bullet()。设定子弹的基础设置，并设定子弹的速度，封装为函数。

```
# 设置游戏界面大小
SCREEN_WIDTH = 400
SCREEN_HEIGHT = 600
"""新加程序1 开始+++++++++++++++++++++++++++++++++++++++"""
# 子弹类
class Bullet(pygame.sprite.Sprite):
    def __init__(self, bullet_img, init_pos):
        pygame.sprite.Sprite.__init__(self)
        self.image = bullet_img
        self.rect = self.image.get_rect()
        self.rect.midbottom = init_pos
        self.speed = 10

    def move(self):
        self.rect.top -= self.speed
"""新加程序1 开始+++++++++++++++++++++++++++++++++++++++"""

# 玩家飞机类
class Player(pygame.sprite.Sprite):
```

⑧ 飞机大战 - 创建发射子弹函数

在飞机类 Player 中，创建发射子弹函数，主要用于加载图片。

```
# 玩家飞机类
class Player(pygame.sprite.Sprite):
    def __init__(self, plane_img, player_rect, init_pos):
        pygame.sprite.Sprite.__init__(self)
        self.image = []  # 用来存储玩家飞机图片的列表
        for i in range(len(player_rect)):
            self.image.append(plane_img.subsurface(player_rect[i]))
        self.rect = player_rect[0]  # 初始化图片所在的矩形
        self.rect.topleft = init_pos  # 初始化矩形的左上角坐标
        self.speed = 8  # 初始化玩家飞机速度，这里是一个确定的值
        self.bullets = pygame.sprite.Group()  # 玩家飞机所发射的子弹
        self.img_index = 0  # 玩家飞机图片索引
        self.is_hit = False  # 玩家是否被击中

    """新加程序2 开始+++++++++++++++++++++++++++++++++++++++
```

⑨ 飞机大战 - 引入子弹图片

在主函数中引入玩家飞机图片的下方，引入子弹图片，并设置子弹的发射频率。

```
def startGame():
    # 设置玩家飞机不同状态的图片列表，多张图片展示为动画效果
    player_rect = []
    # 玩家飞机图片
    player_rect.append(pygame.Rect(0, 99, 102, 126))
    player_rect.append(pygame.Rect(165, 360, 102, 126))
    # 玩家爆炸图片
    player_rect.append(pygame.Rect(165, 234, 102, 126))
    player_rect.append(pygame.Rect(330, 624, 102, 126))
    player_rect.append(pygame.Rect(330, 498, 102, 126))
    player_rect.append(pygame.Rect(432, 624, 102, 126))
    player_pos = [150, 400]
    player = Player(plane_img, player_rect, player_pos)
    """新加程序3 开始+++++++++++++++++++++++++++++++++++++++"""
    # 子弹图片
    bullet_rect = pygame.Rect(69, 77, 10, 21)
    bullet_img = plane_img.subsurface(bullet_rect)

    enemy_frequency = 0  # 子弹发射频率
    shoot_frequency = 0  # 飞机图片切换频率
    """新加程序3 开始+++++++++++++++++++++++++++++++++++++++"""
```

⑩ 飞机大战 - 生成子弹控制发射频率

在判断战机是否坠毁中添加控制子弹的刷新，生成子弹控制发射频率。

```
# 生成子弹，靠瑶控制发射频率
if not player.is_hit:
    """新加程序4 开始++++++++++++++++++++++++++++++++++++++"""
    if shoot_frequency % 15 == 0:
        player.shoot(bullet_img)
    """新加程序4 开始++++++++++++++++++++++++++++++++++++++"""
    shoot_frequency += 1
    if shoot_frequency >= 15:
        shoot_frequency = 0
```

⑪ 飞机大战 - 移动并控制子弹

在控制子弹刷新语句下，循环调用图片集合，移动子弹并控制子弹的消失。

```
    shoot_frequency += 1
    if shoot_frequency >= 15:
        shoot_frequency = 0
"""新加程序5 开始++++++++++++++++++++++++++++++++++++++"""
for bullet in player.bullets:
    # 以固定速度移动子弹
    bullet.move()
    # 移动出屏幕后删除子弹
    if bullet.rect.bottom < 0:
        player.bullets.remove(bullet)
# 显示子弹
player.bullets.draw(screen)
"""新加程序5 开始++++++++++++++++++++++++++++++++++++++"""
# 绘制玩家飞机
```

⑫ 效果展示

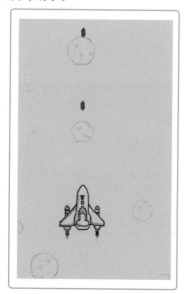

⑬ 飞机大战 - 控制

在 Player() 类中，编写战机控制移动函数。

```
39    # 发射子弹
40    def shoot(self, bullet_img):
41        bullet = Bullet(bullet_img, self.rect.midtop)
42        self.bullets.add(bullet)
43
44    """新加程序1 开始++++++++++++++++++++++++++++++++++++++++++"""
45    # 向上移动，需要判断边界
46    def moveUp(self):
47        if self.rect.top <= 0:
48            self.rect.top = 0
49        else:
50            self.rect.top -= self.speed
51
52    # 向下移动，需要判断边界
53    def moveDown(self):
54        if self.rect.top >= SCREEN_HEIGHT - self.rect.height:
55            self.rect.top = SCREEN_HEIGHT - self.rect.height
56        else:
57            self.rect.top += self.speed
58
59    # 向左移动，需要判断边界
60    def moveLeft(self):
61        if self.rect.left <= 0:
62            self.rect.left = 0
63        else:
64            self.rect.left -= self.speed
65
66    # 向右移动，需要判断边界
67    def moveRight(self):
68        if self.rect.left >= SCREEN_WIDTH - self.rect.width:
69            self.rect.left = SCREEN_WIDTH - self.rect.width
70        else:
71            self.rect.left += self.speed
72    """新加程序1 开始++++++++++++++++++++++++++++++++++++++++++"""
```

⑭ 飞机大战 - 调用控制函数

在主循环中获取事件，调用控制函数。

```
147    # 处理游戏退出
148    for event in pygame.event.get():
149        if event.type == pygame.QUIT:
150            pygame.quit()
151            exit()
152    """新加程序2 开始++++++++++++++++++++++++++++++++++++++++++"""
153    # 获取键盘事件（上下左右按键）
154    key_pressed = pygame.key.get_pressed()
155    # 处理键盘事件（移动飞机的位置）
156    if key_pressed[K_w] or key_pressed[K_UP]:
157        player.moveUp()
158    if key_pressed[K_s] or key_pressed[K_DOWN]:
159        player.moveDown()
160    if key_pressed[K_a] or key_pressed[K_LEFT]:
161        player.moveLeft()
162    if key_pressed[K_d] or key_pressed[K_RIGHT]:
163        player.moveRight()
164    """新加程序2 开始++++++++++++++++++++++++++++++++++++++++++"""
165
166    startGame()
```

⑮ 飞机大战 - 敌机

在玩家类的下方创建敌机类并创建初始函数，设置敌机基本参数，以及移动函数。

```python
"""新加程序1 开始++++++++++++++++++++++++++++++++++++++++++++++++++"""
# 敌机类
class Enemy(pygame.sprite.Sprite):
    def __init__(self, enemy_img, enemy_down_imgs, init_pos):
        pygame.sprite.Sprite.__init__(self)
        self.image = enemy_img
        self.rect = self.image.get_rect()
        self.rect.topleft = init_pos
        self.down_imgs = enemy_down_imgs
        self.speed = 2
        self.down_index = 0

    # 敌机移动，边界判断及删除在游戏主循环里处理
    def move(self):
        self.rect.top += self.speed
"""新加程序1 结束==================================================="""
```

⑯ 飞机大战 - 引入敌机图片

在引入子弹图片的下方，引入敌机图片，并将图片存储。

```python
# 子弹图片
bullet_rect = pygame.Rect(69, 77, 10, 21)
bullet_img = plane_img.subsurface(bullet_rect)
"""新加程序2 开始++++++++++++++++++++++++++++++++++++++++++++++++++"""
# 敌机不同状态的图片列表，多张图片展示为动画效果
enemy1_rect = pygame.Rect(534, 612, 57, 43)
enemy1_img = plane_img.subsurface(enemy1_rect)
enemy1_down_imgs = []
enemy1_down_imgs.append(plane_img.subsurface(pygame.Rect(267, 347, 57, 43)))
enemy1_down_imgs.append(plane_img.subsurface(pygame.Rect(873, 697, 57, 43)))
enemy1_down_imgs.append(plane_img.subsurface(pygame.Rect(267, 296, 57, 43)))
enemy1_down_imgs.append(plane_img.subsurface(pygame.Rect(930, 697, 57, 43)))
# 储存敌机
enemies1 = pygame.sprite.Group()
# 存储被击毁的飞机，用来渲染击毁动画
enemies_down = pygame.sprite.Group()
"""新加程序2 结束==================================================="""
```

⑰ 飞机大战 - 生成敌机

在显示子弹语句的下方，编写生成敌机的方式以及出现频率，并移动绘制。

```
# 显示子弹
player.bullets.draw(screen)
"""新加程序2 开始++++++++++++++++++++++++++++++++++++++++++"""
# 生成敌机，需要控制生成频率
if enemy_frequency % 50 == 0:
    enemy1_pos = [random.randint(0, SCREEN_WIDTH - enemy1_rect.width), 0]
    enemy1 = Enemy(enemy1_img, enemy1_down_imgs, enemy1_pos)
    enemies1.add(enemy1)
enemy_frequency += 1
if enemy_frequency >= 100:
    enemy_frequency = 0
for enemy in enemies1:
    # 移动敌机
    enemy.move()
# 显示敌机
enemies1.draw(screen)
"""新加程序2 结束=================================="""
# 绘制玩家飞机
if not player.is_hit:
```

⑱ 飞机大战 - 程序测试

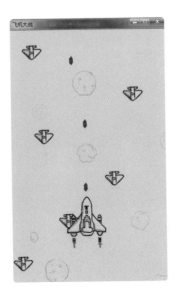

⑲ 飞机大战 - 完善

在绘制玩家飞机的语句中添加条件，完善当玩家被击中后的显示效果，以及敌机被消灭时的显示效果。

```
177        for enemy in enemies1:
178            # 移动敌机
179            enemy.move()
180            """新加程序1 开始++++++++++++++++++++++++++++++++++++++++++++++"""
181            # 敌机与玩家飞机碰撞效果处理ddd
182            if pygame.sprite.collide_circle(enemy, player):
183                enemies_down.add(enemy)
184                enemies1.remove(enemy)
185                player.is_hit = True
186                break
187            # 移动出屏幕后删除飞机
188            if enemy.rect.top < 0:
189                enemies1.remove(enemy)
190        # 敌机被子弹击中效果处理
191        # 将被击中的敌机对象添加到击毁敌机 Group 中，用来渲染击毁动画
192        enemies1_down = pygame.sprite.groupcollide(enemies1, player.bullets, 1, 1)
193        for enemy_down in enemies1_down:
194            enemies_down.add(enemy_down)
195            """新加程序1 结束========================================"""
```

⑳ 飞机大战 - 碰撞

在敌机移动语句的下方，编写控制战机与敌机碰撞后的效果处理，以及敌机的消失方式。

```
193    for enemy_down in enemies1_down:
194        enemies_down.add(enemy_down)
195        """新加程序1 结束=================================================="""
196
197    """新加程序2 开始++++++++++++++++++++++++++++++++++++++++++++++"""
198    # 绘制玩家飞机
199    if not player.is_hit:
200        screen.blit(player.image[player.img_index], player.rect)
201        # 更换图片索引使飞机有动画效果
202        player.img_index = shoot_frequency // 8
203    else:
204        # 玩家飞机被击中后的效果处理
205        player.img_index = player_down_index // 8
206        screen.blit(player.image[player.img_index], player.rect)
207        player_down_index += 1
208        if player_down_index > 47:
209            # 击中效果处理完成后游戏结束
210            running = False
211    # 敌机被子弹击中效果显示
212    for enemy_down in enemies_down:
213        if enemy_down.down_index == 0:
214            pass
215        if enemy_down.down_index > 7:
216            enemies_down.remove(enemy_down)
217            score += 100
218            continue
219        screen.blit(enemy_down.down_imgs[enemy_down.down_index // 2], enemy_down.rect)
220        enemy_down.down_index += 1
221    """新加程序2 结束=================================================="""
222    # 显示敌机
223    enemies1.draw(screen)
224    # 更新屏幕
225    pygame.display.update()
```

注：将敌机绘制的语句移动到最下面

㉑ 飞机大战 - 绘制结束效果

游戏结束时绘制文字、分数、重新开始按钮，以及结束背景。

```
241         if key_pressed[K_d] or key_pressed[K_RIGHT]:
242             player.moveRight()
243     """新加程序3 开始++++++++++++++++++++++++++++++++++++++++++++++++"""
244     # 绘制游戏结束背景
245     screen.blit(game_over, (0, 0))
246     # 游戏 Game Over 后显示最终得分
247     font = pygame.font.Font(None, 48)
248     text = font.render('Score: ' + str(score), True, (255, 0, 0))
249     text_rect = text.get_rect()
250     text_rect.centerx = screen.get_rect().centerx
251     text_rect.centery = screen.get_rect().centery + 24
252     screen.blit(text, text_rect)
253     # 使用系统字体
254     xtfont = pygame.font.SysFont('SimHei', 30)
255     # 重新开始按钮
256     textstart = xtfont.render('重新开始 ', True, (255, 0, 0))
257     text_rect = textstart.get_rect()
258     text_rect.centerx = screen.get_rect().centerx
259     text_rect.centery = screen.get_rect().centery + 120
260     screen.blit(textstart, text_rect)
261     """新加程序3 结束======================================="""
```

㉒ 飞机大战 - 我的战机

程序的最后将完善我们的游戏。

```
263     startGame()
264
265     """新加程序4 开始++++++++++++++++++++++++++++++++++++++++++++++++"""
266     # 判断点击位置以及处理游戏退出
267     while True:
268         for event in pygame.event.get():
269             # 关闭页面游戏退出
270             if event.type == pygame.QUIT:
271                 pygame.quit()
272                 exit()
273             # 鼠标单击
274             elif event.type == pygame.MOUSEBUTTONDOWN:
275                 # 判断鼠标单击的位置是否为开始按钮位置范围内
276                 if screen.get_rect().centerx - 70 <= event.pos[0] \
277                         and event.pos[0] <= screen.get_rect().centerx + 50 \
278                         and screen.get_rect().centery + 100 <= event.pos[1] \
279                         and screen.get_rect().centery + 140 >= event.pos[1]:
280                     # 重新开始游戏
281                     startGame()
282         # 更新界面
283         pygame.display.update()
284     """新加程序4 结束======================================="""
```

扫描二维码下载
示例代码